元宇宙技术训练运用

周典乐　邓劲生　荣　明 等　编著

中国宇航出版社
·北 京·

图书在版编目（CIP）数据

元宇宙技术训练运用 / 周典乐等编著. -- 北京 : 中国宇航出版社，2025. 8. -- ISBN 978-7-5159-2601-8

Ⅰ. TP391.98

中国国家版本馆 CIP 数据核字第 2025VV9184 号

责任编辑　王杰琼　　**封面设计**　王晓武

出　版
发　行　中国宇航出版社

社　址　北京市阜成路 8 号　**邮　编**　100830
(010)68768548

网　址　www.caphbook.com

经　销　新华书店

发行部　(010)68767386　(010)68371900
(010)68767382　(010)88100613（传真）

零售店　读者服务部　(010)68371105

承　印　北京厚诚则铭印刷科技有限公司

版　次　2025 年 8 月第 1 版
2025 年 8 月第 1 次印刷

规　格　787×1092

开　本　1/16

印　张　8.75

字　数　213 千字

书　号　ISBN 978-7-5159-2601-8

定　价　59.00 元

本书如有印装质量问题，可与发行部联系调换

前言

在科技浪潮汹涌澎湃的当下，作为新兴技术集大成者的元宇宙，已经迅速渗透至众多领域，为各行各业带来了前所未有的变革机遇，尤其是军事领域。通过剖析元宇宙技术组成细节可知，元宇宙技术与军事训练之间极具关联，对于军事训练的未来发展有着不可估量的重要价值。

在多年的前沿交叉学科研究历程中，我们有幸见证了每一次重大科技的突破如何为军事训练带来跨越式发展。元宇宙技术所具备的沉浸性、交互性及构想性，与军事训练追求实战化、多样化、创新性的需求高度匹配，堪称为军事训练量身定制的一场科技变革，为其开辟出一条全新的发展道路。

想象一下未来的某一天，按点上班的士兵坐进工位里的驾驶台，率领着数架僚机飞向对方阵地，狂风骤雨一样的炮弹向指定的目标倾泻而去，远方一阵阵火焰腾空而起；然后，他或她切换场景到太空中，化身为一个吸附装置，悄悄贴近对方的一颗卫星并粘上去，慢慢加大引擎，将其推离轨道，化作一颗流星划过太空……整个过程表现得一切正常，和平时上班并没有感到有何区别；唯一不同的，这是发生在千里之外的真实战场，而非平日里在虚拟空间中的跨兵种常规训练。此情此景，已分不清是真是幻，仿佛庄周梦蝶般感觉。

新兴技术的快速发展不断推动军事训练形态的加速演变。针对多时空、大规模参训人员和装备训练场景，为满足大规模、高可信、低延迟、高逼真度的一体化训练环境要求，本书深入研究训练元宇宙关键技术与场景应用，围绕未来战场复杂环境，推进多学科交叉融合的新型元宇宙技术研究，形成具备高沉浸感、高智能水平、开放生态化的训练元宇宙环境，为军事训练活动提供强有力的技术支撑。

本书共精心编排了10章，全面围绕元宇宙技术在军事训练中的运用展开，力求从基础的技术原理到复杂的算法模型，对训练元宇宙的层级逻辑进行深入解析。第1章简要引出了训练元宇宙概念内涵及国内外现状，第2章开展训练元宇宙系统总体架构设计并分析其功能和重难点，第3～8章分别从分布式高性能引擎、虚拟战场环境构造、智能兵力快速生成、可重构元数据和元模型、人机混合自协调交互控制、虚实一体智能协同等方面描述训练元宇宙系统的构建过程，第9章选取太空和深海两个场景阐述其在新域新质训练中的运用验证，第 10 章对训练元宇宙的发展趋势进行了分析与预测。

衷心期望本书能够成为军事理论研究者的灵感源泉，提供全新的研究思路与方向；成为军事训练组织者的得力助手，为制定科学合理的训练方案提供实用参考；同时，也希望能够激发广大军事爱好者对元宇宙技术在军事训练领域运用的兴趣，让更多人了解这一前沿交叉科技与军事训练碰撞出的火花。

为了能够全方位、深层次地理解元宇宙技术在军事训练中的运用，我们走访了总部机关和多个训练一线单位，与一线官兵进行深入交流，收集了大量调研资料。在此基础上，和湖南马栏山视频先进技术研究院等单位联合承研了 2022 年湖南省十大技术攻关项目“超高清视频算法”，和长沙市先进技术研究院组建成立了湖南省元宇宙先进技术研究生联合培养基地。在总部机关大力支持下，开展了训练元宇宙重大科研项目的研究工作，在多项关键技术突破和多个领域应用验证中都取得了一系列成果。

本书是团队紧密合作的结晶。由周典乐拟制全书大纲并负责编写第 1～7 章，邓劲生负责编写第 8～10 章，并对全书进行统稿和修改，荣明负责原型系统的设计。在长达近两年的写作过程中，我们得到了总部机关的王太国、焦科、戴文明、刘秋宏、马永平、王磊、李宁亚、许子建、乔勇等领导亲自指导：刘波、景宁、姚益平、陈荦、胡晓峰、李澎等专家审阅了全部或部分书稿并提出完善建议；尹晓晴、朱峰、谭琦、张凡臻、夏竟、龙力、邸苏欣等同事参与了部分调研和材料整理工作；张智超、周东明、陈晖、白一波、戴先旺等研究生参与了相关课题研究；陈雨洁、王玲、李铁芬等在虚拟场景设计等方面付出了辛苦努力。部分内容来自参考文献和网络资源，因篇幅所限未能逐一溯源和说明引用；还有很多关心和帮助我们的领导和同志们不便列出，在此一并表示感谢。

展望未来，随着元宇宙技术的不断发展和日趋成熟，其在军事训练领域的应用潜力将日益显现。我们将持续保持对这个领域的密切观察和深入探索，不断追求运用创新，期待与各位读者并肩前行，也欢迎对训练元宇宙感兴趣的读者参与研究，共同见证并促进军事训练领域的划时代进步。

邓劲生

2025 年 3 月

于侯家塘

目　录

第 1 章　训练元宇宙导言

随着新兴技术的快速发展并在军事领域得以应用，战争形态呈现出加速演变的趋势。想要制胜未来战争就必须把准战争形态演变的脉搏，厘清未来战争制胜机理，方能有针对性地做好军事斗争准备，有效掌控打赢未来战争主动权。

在科技飞速发展的当下，元宇宙已从最初在科幻小说中被提出的构想走进现实，成为全球瞩目的焦点。从 1990 年钱学森将 Virtual Reality 翻译成“灵境”，到 2021 年被誉为虚拟现实“元宇宙”技术元年，各大科技巨头纷纷布局。如今，元宇宙正以惊人的速度改变着人类的生活与认知。它整合了虚拟现实（VR）、增强现实（AR）、人工智能（AI）、区块链、云计算等前沿技术，构建出一个与现实世界平行且相互交织的虚拟空间，为人们带来前所未有的沉浸式体验和交互方式。

军事领域作为对科技应用最为敏感和需求最迫切的前沿阵地，元宇宙的出现无疑为其带来了新的生机和变革性的机遇。作为提升战斗力的核心环节，军事训练始终在追求创新和突破。然而，随着现代战争形态的日益复杂多变，传统的训练模式逐渐显露出诸多局限性。元宇宙所具备的高度沉浸感、真实模拟性、灵活交互性以及强大的数据分析能力，使其成为克服传统训练难题的有效工具，为军事训练的创新发展开辟了崭新道路。因此，探索如何利用元宇宙技术模拟未来战争以强化军事训练，已成为当务之急。

1.1　训练形态的范式迁移

当 AlphaDogfight AI 在虚拟空域以 5∶0 完胜人类王牌飞行员时，当俄军“西方-2021”演习中 60％的战术决策由数字参谋生成时，军事训练的根本性转变正在发生——战争准备领域的技术代差已从物理空间向认知空间跃迁。元宇宙技术催生的“超维训练场”，正以指数级速度重构军事能力生成模式。这一变革不仅标志着军事训练技术的飞跃，更预示着战争形态的根本性转变。

1.1.1　技术代差的认知跃迁

传统战争中，技术代差主要体现在武器装备的物理性能上，如火力、射程、机动性等。然而，随着元宇宙技术的引入，战争的技术代差正从物理空间向认知空间转移。AlphaDogfight AI 的胜利不仅是算法的胜利，更是认知能力的胜利。它能够在毫秒级时间内分析战场态势，作出最优决策，这种能力远超人类飞行员的生理极限。同样，俄军“西方-2021”演习中，数字参谋生成战术决策不仅速度快，而且能够综合考虑海量数据，生成人类难以想象的复杂战术。

这种认知空间的代差正在重塑战争中的优势与劣势。未来的冲突不仅仅是武器的比拼，更是认知能力的比拼。利用元宇宙技术，可以创建出高度逼真的虚拟战场，使参训人员在虚拟世界中得到远眼现实世界的训练和模拟，从而在认知层面取得决定性的优势。

1.1.2 超维训练场的崛起

传统的军事训练受限于物理空间和时间，训练成本高、周期长、风险大。然而元宇宙技术通过虚拟现实（VR）、增强现实（AR）、混合现实（MR）等技术，创造了一个逼真的虚拟战场环境。这使得军事训练能够不受时间和地点的约束，同时显著降低了训练成本。

（1）训练效率维度：LVC 训练系统

LVC（Live－Virtual－Constructive，真实-虚拟-构造）训练系统，是元宇宙技术在军事训练中的典型应用。该系统通过将实装训练、虚拟训练和构造训练相结合，大幅提升了训练效率。以 F－35 飞行员的培养为例，使用 LVC 训练系统后，相比传统训练方法，培养周期缩短了 42%（据 2023 年数据），这不仅节约了时间和资源，还使飞行员能够在虚拟环境中进行高风险和高难度的训练，增强了他们在实际战斗中的应对能力。

（2）战场认知维度：脑机接口技术

军事训练领域中，脑机接口技术（Brain－Computer Interface，BCI）展现了其作为元宇宙技术的又一项重大突破。通过脑机接口技术，IVAS（Integrated Visual Augmentation System，集成视觉增强系统）能够将士兵的脑电波与战场信息系统相连，从而使士兵能够迅速掌握战场情况，并迅速作出反应。根据实际测试数据，士兵在使用 IVAS 后，其对战场态势的感知速度提高了 3.7 倍。这种感知能力的增强，不仅提升了士兵个人的战斗效率，也显著提升了整个作战团队的协同作战能力。

（3）战争预演维度：联合战区级模拟系统

战争预演是军事训练的重要组成部分，传统的预演方式受限于物理条件和数据规模，往往难以准确预测实战结果。而元宇宙技术通过构建高度拟真的虚拟战场，使得战争预演的准确率大幅提升。联合战区级模拟系统-全球作战（JTLS－GO）是一种交互式、基于互联网支持的模拟系统，在后勤、特种作战部队（SOF）和情报支持下，能够模拟多面空中、地面和海上军民作战场景。这一系统不仅能够模拟战场环境，还能够模拟敌方决策过程，从而生成高度可信的预演结果。这种能力的提升，使得指挥员能够在实战前制定更加精准的作战计划，大幅提升作战胜算。

1.1.3 三螺旋演进通道

上述显著的进展表明，军事训练已经超越了传统的“模拟-实装”线性逻辑，迈入了“数字孪生-智能涌现-认知增强”的三螺旋演进通道。

（1）数字孪生：虚拟与现实的镜像

利用数字孪生（Digital Twin）技术，可以创建物理实体的虚拟镜像，进而实现在虚拟空间中的军事训练。这项技术不仅可以模拟武器装备的功能，还能复现战场情景和敌军行动等复杂变量。借助数字孪生技术，参训人员得以在虚实难辨的复杂环境中反复练习和进行策略规划，从而提升在实战中应对突发情况的能力。

（2）智能涌现：AI 驱动的战术创新

借助人工智能的元宇宙技术，军事训练已经超越了人类经验和想象的原有可能界限。AI 能在虚拟世界中自我学习和创新，创造出人类难以想象的复杂战术。这种智能涌现的能力，正在重新塑造战争的规则和策略。

（3）认知增强：脑机接口的潜力

借助脑机接口技术，参训人员的脑电波能够直接连接到战场信息网络，从而快速感知战场态势并迅速作出应对。这种认知增强技术不仅提升了士兵个人的作战效率，还大幅增强了团队协作的作战能力。展望未来，随着脑机接口技术的持续发展，参训人员的认知能力有望进一步提升，甚至可能实现仅凭意念控制武器装备的水平。

1.2　概念与运用场景

军事能力的生成模式正经历着元宇宙技术带来的指数级变革，它促使战争的形态从传统的物理空间转向更为复杂的认知空间。这种技术不仅提升了训练的效率和战场上的认知能力，还显著提高了战争预演的精确度。在未来的冲突中，胜利将不再仅仅依赖于武器的先进性，认知能力的比拼将成为关键。元宇宙技术所创建的“超维训练场”能够让参训人员进行跨域多轮训练和战术推演，从而在认知层面取得决定性的优势。这一技术的演进正在重塑战争中的优势与劣势，标志着战争形态将发生根本性的变革。

1.2.1　运用于训练的特点

在技术层面上，元宇宙通过整合现有技术，形成新的整体概念，并构建出综合性的应用场景。通过整体集成和技术路线创新，元宇宙实现了性能的大幅提升，并从复杂系统中涌现出新性质。元宇宙的核心在于整体，其独特性都会体现在整体性上面。元宇宙带来的创新，都体现在整体独特性上。

元宇宙与传统仿真模拟、虚拟采办、兵棋推演等明显的不同，在于综合性及学科交叉性，如表 1－1 所示。元宇宙的综合性使其成为功能全覆盖的虚拟世界，而学科交叉性则赋予其跨领域协同创新的潜力。这种特性不仅突破了传统技术的局限性，还催生了虚实融合的新业态（如数字孪生城市、虚拟社会实验），成为未来技术演进的核心方向之一。传统技术更多是“工具”，而元宇宙的目标是成为与现实世界平行的“文明载体”。未来，单项技术在独立发展的同时，也可以面向元宇宙进一步拓展。

表 1-1　元宇宙和传统仿真/虚拟采办/兵棋推演比较

维度	元宇宙	传统仿真/虚拟采办/兵棋推演
学科基础	多学科交叉(科技＋社科＋艺术)	单一学科主导(如计算机、军事学)
系统开放性	开放生态(用户共创内容)	封闭系统(规则由开发者预设)
演化能力	动态生长(AI 驱动内容生成)	静态模型(依赖人工更新)
社会属性	完整虚拟社会(经济、法律)	无社会属性或仅简化模拟

元宇宙技术运用于训练的特点，主要包括以下几个方面。

(1) 虚拟时空构建和访问的统一

元宇宙能够构建一套统一的虚拟时空访问规则和架构体系，使用户能够无障碍地访问和分享整个虚拟世界。这为元宇宙提供了设施部署的简便性，无须为每个特定目的的仿真模拟系统、虚拟现实系统单独开发网络接口，一个元宇宙架构足以应对所有基础设施的需求。同时，它支持随时随地的接入、多空间的互联共享，以及持续的迭代更新，展现出更广泛的适用性，尽可能包含多方面的属性参数。这也促使网络设施、算力系统和数据管理必须进行更新换代。

(2) 多时空、多装备和多人员的协作

以往的模拟仿真虚拟设施都是各自独立的，而元宇宙可以建立起这些虚拟设施之间的协作关系。通过人机接口，人们能够与不同空间中的个体、物品、智能体或环境进行自由的交流与互动，展现出卓越的互操作性，并在此基础上构建相应的社交网络。例如，在训练元宇宙的场景中，虚拟与现实空间的部队能够实现协同作战，既能在现实战场上消灭敌人，也能在虚拟时空中对社会产生影响；或者拉出一个“虚拟时空群”，无身份地自由讨论某个方案的优劣或风险等。由于“不同空间”“虚拟身份”“自由交互”和“面对面”等多种形式并存，对协作体验的影响，将完全不同于过去任何一种单人虚拟交互形式。同时，元宇宙只是训练的工具、手段或途径，而不应该成为目的，能够进行实际训练的，也没有必要非要搬到虚拟空间去。元宇宙适合多时空、多装备和多人员的集成和协同的训练场景，如联合作战的协同训练、多个对手的对抗训练或多种武器平台的体验训练等。

(3) 高度逼真的沉浸式体验

元宇宙可将那些体验、沉浸设备设施集成并管理起来，各种感觉和行为都应该达到以假乱真的程度。比如，数字孪生适合装备平台映射，人工智能适合创造智能对手，各种接口设备适合创造个体和集体沉浸感，游戏引擎适合驱动虚拟环境运行等。所有训练技术都继续使用，元宇宙给出更好的集成效果和管理架构。

(4) 大规模和完整性

数据规模目标定位为百万级实体对象，构建更加多样化的智能体，提高大规模图形渲染能力，对各种行为进行模拟，对大量的实体进行时间推演，因此对系统算力和网络高带宽低延迟要求更高。

(5) 个人创意激发和不断累积

在虚拟空间的每个贡献点，都能在后来者的应用中产生价值。这极大地鼓舞了人们的创造激情和活力，进而促进了军事资产的持续增长。例如，元宇宙中的虚拟训练场，可以由不同部队乃至个人持续提供创意和独立构建，然后在训练元宇宙中进行整合，供不同军种单独或联合使用。创意和建设者随后在使用过程中持续受益，这成为激励他们继续创造的驱动力。通过在各个子系统中为广大官兵预留接口，可以方便快捷地实现自己的一些想法。

1.2.2 训练元宇宙概念

“训练元宇宙”这一概念涵盖了元宇宙在军事领域的多种应用，如模拟作战过程、战略分析、人员训练、装备采购及数字孪生战场等，旨在创建一个具备多样化战争模拟功能的元宇宙环境。

尽管目前训练元宇宙的建设还处于初始阶段，但其核心理念在于整合扩展现实、人工智能、数字孪生、游戏引擎等多种技术，以打造一个效率更高、成本更低、真实感和互动性更强的模拟平台。这样的平台预期将广泛用于士兵的个人训练、军事教育、征兵活动、军事演习、士兵社交及军属服务等多个方面。

训练元宇宙是综合运用感知交互、人工智能、数字孪生、云计算、区块链、物联网等先进技术，形成具有高沉浸感、高可信、高智能水平、开放生态化等特征的数字孪生战场。通过在训练元宇宙中进行作战实体的虚实共生对抗推演，促进作战训练、装备试验、作战研究等领域的能力提升。

训练元宇宙是用于构建未来战场元宇宙的技术体系、标准规范和系统平台的集合。例如，制定如下作战想定：一支航母编队正在某海域巡航，突然编队指挥室内虚拟的 AI 参谋通过元宇宙终端，投射生成一个虚拟人影，发出清脆的声音，传达上一级战备检查指令。编队指挥员立即按照预案，向编队下达“演习战斗警报”命令。编队作战指控系统开始自动接收元宇宙终端发送的作战任务和战场态势。在飞行甲板指挥员统一指挥下，所有甲板作业人员按照作战任务要求和舰载机起飞流程，对各型舰载机进行虚实融合的甲板作业，包括加油、挂弹、牵引、安全检查、弹射、回收、弹药应急处置等内容。在执行作战任务期间，虚拟舰载战斗机能等效反馈敌我双方的侦察探测、电子干扰、交战毁伤等态势信息，实时供飞行员决策判断和采取行动。

1.2.3 沉浸式模拟训练场景

(1) 沉浸式体验的技术支撑

虚拟现实技术：通过头戴式显示器，虚拟现实技术能够呈现高清晰度、宽广视角的虚拟视觉世界。借助陀螺仪、加速度计等感应器，能够精确捕捉头部和身体的运动，实现参训人员在虚拟环境中的动作与视觉反馈的即时同步。在军事训练装备中，当参训人员转动头部时，虚拟战场的图像会即刻转换视角，其反应时间被控制在毫秒级别，从而保证了沉浸式体验的连贯性。

增强现实技术：增强现实技术将虚拟信息融入真实世界，为参训人员提供更为直观的训练资料。利用智能眼镜等设备，参训人员在实际训练场地能够观察到虚拟目标、任务提示和战斗数据等。在野外战术训练中，参训人员戴上相应眼镜，眼镜会实时展示敌方位置、距离和最佳攻击路径等数据，协助参训人员更有效地完成任务。

触觉感应技术：为了提升沉浸式体验，触觉感应技术被引入军事训练领域。通过使用触觉背心、力反馈控制器等设备，参训人员能够体验到虚拟环境中的物理互动，如模拟枪声的震动和子弹的撞击。在模拟射击训练中，当扣动扳机时，力反馈控制器会模拟出后坐力，使参训人员感受到真实的射击体验；而触觉背心则在参训人员“中弹”时提供相应的震动反馈，以增强训练的现实感。

（2）沉浸式模拟训练的优势

提升训练的主动性和参与感：军事训练通常较为单调，容易导致参训人员感到疲倦和不耐烦。然而，沉浸式模拟训练提供了一种全新的体验，仿佛置身于真实的战场之中，从而激发了参训人员的求知欲和探索精神。参与沉浸式模拟训练的满意度相较于传统训练方法有明显的提升。

提升训练成效：沉浸式体验让参训人员更加集中于训练任务，从而提升了训练的效果。在虚拟世界中，可以不断重复进行高难度的训练项目，如在复杂地形下的特种作战、在高风险环境下的紧急救援等，而无须担忧实际的安全问题。经过沉浸式模拟训练的士兵，在真实战斗中的反应速度和决策能力相较于未经此训练的士兵要强。

加快适应实战环境：沉浸式模拟训练能够高度模拟真实战场的各种条件，包括地形、气候、敌方火力等，使参训人员在训练过程中就能熟悉并适应实战环境。面对真正的战场时，能够更快地适应环境，减少因环境不熟悉而产生的紧张和恐惧，从而提升战斗效率。

（3）沉浸式模拟训练的应用场景

单兵战斗技能训练：在单兵战斗技能训练环节，利用沉浸式模拟训练，能够模拟出多种复杂的战斗环境，包括城市巷战、山地丛林战、沙漠战等。参训人员能在虚拟世界中练习武器使用、战术动作、目标搜寻与辨识等，从而增强个人战斗技能。以城市巷战模拟为例，参训人员需在复杂交错的街道和建筑中寻找敌人，利用各种掩体进行射击和躲避，同时确保自身安全并与其他队员协作。

集体协同训练：沉浸式模拟训练同样适用于集体协同训练，通过创建多人参与的虚拟战场环境，让参训人员在团队中进行联合战斗练习。例如，可以模拟反恐行动中的应用场景，特种部队成员通过沉浸式模拟训练系统，在虚拟环境中分配任务、进行战术配合和通信协作，共同完成救援人质、消灭敌人的任务。这种训练方法可以显著提高特种部队成员的团队合作能力。

心理抗压训练：战争不仅对身体素质和战斗技巧提出挑战，对心理素质的要求也极为严苛。沉浸式模拟训练能够再现战争中的严酷场景，如血腥战斗、战友伤亡等，帮助参训人员在训练过程中逐步适应战争的心理压力，增强心理承受力。在训练过程中，参训人员将面对虚拟的爆炸声、枪响和敌人的攻击，通过持续应对这些压力，其心理适应能力将得到加强和提升。

1.2.4　多域联合训练场景

（1）多域联合训练的传统困境

场地约束：多军种协同演习通常要求广阔的演习区域，以适应各军种的特定训练要求。但现实中，这类场地资源稀缺，且其建设与维护费用昂贵。以陆空协同演习为例，它需要大面积的空域和地面射击场，这些场地常常受限于地形和周围环境，难以满足演习需求。

时间调配难题：各军种的训练日程和任务规划各不相同，要实现多军种同步演习，必须进行烦琐的协调。加之训练任务的复杂和不确定性，时间调配往往充满挑战，容易造成演习计划的延误或取消。例如，海军舰船的海上训练时间和空军飞机的空中训练时间难以精确对齐，这为海空协同演习带来了显著的难题。

资源消耗巨大：多军兵种联合训练需要投入大量的人力、物力和财力资源，包括武器装备、弹药、油料、保障人员等。这些资源的消耗不仅增加了训练成本，还对后勤保障提出了极高的要求。例如，在一次大规模联合军演中，仅弹药的消耗就达到了数千吨，后勤保障车辆和人员需要昼夜不停地工作，才能满足训练的需求。

（2）训练元宇宙打破限制的原理

构建虚拟战场：利用计算机图形学和网络通信技术，训练元宇宙打造了一个多域的虚拟战场空间。在该空间里，陆军、海军、空军、火箭军、电子对抗部队和网络空间部队等多域力量得以共存，不受实际地理限制。例如，陆军坦克可在虚拟陆地上行驶，海军舰船能在虚拟海洋中航行，空军飞机则能在虚拟天空中飞翔，各军种之间能够实时互动和协作作战。

交互技术的实时性：训练元宇宙借助高速网络和分布式计算技术，实现了多军种间的实时互动。参训人员来自不同军种，他们能在虚拟战场上实时沟通、共享情报，共同完成作战任务。例如，在模拟的联合登陆行动中，陆军登陆部队能够通过训练元宇宙系统，向海军舰船和空军飞机发出火力支援请求，而海军和空军则能根据请求调整战术，提供精确的火力支援。

数据同步与一致性保障：训练元宇宙为了确保多军种在虚拟战场上的协同作战，采用了高级的数据同步和一致性技术。通过分布式数据库和同步算法，确保了不同军种的训练数据在虚拟空间中能够实时同步并保持一致。在开展训练时，陆军部队的位置和武器状态等数据会被实时更新到训练元宇宙系统中，海军和空军部队能够实时获取这些数据，以作出相应的战术决策。

（3）多域联合训练在训练元宇宙中的实践案例

大规模联合登陆作战演练：在一次模拟大规模联合登陆作战演练中，陆军、海军、空军和火箭军等各军兵种在训练元宇宙中密切配合。海军舰艇首先对敌方海岸防御工事进行火力打击，空军战机夺取制空权，为登陆部队提供掩护。陆军登陆部队乘坐登陆舰艇向敌方海岸进发，在接近海岸时，利用两栖作战装备迅速抢滩登陆。火箭军则在后方对敌方的纵深目标进行远程火力打击，切断敌方的支援和补给线。在整个演练过程中，各军兵种之间通过训练元宇宙的通信系统实现了信息共享和协同指挥，有效检验并提升了多域联合作战能力。

全域作战模拟训练：某军队通过使用训练元宇宙进行了全域作战模拟训练，包括了地面、海洋、空中、太空、电子和网络等多个方面。在训练过程中，地面部队在陆地上执行机动战，海上舰艇在海洋中执行反潜和反舰任务，空中力量在天空中进行空战和地面打击，太空中的卫星系统提供情报和通信支援，电子战和网络战部队则对敌方电子和网络设施进行干扰和攻击。这种全域作战模拟训练，显著提升了军队的综合战斗能力。

1.3 国内外运用现状

近年来，虚拟世界中“没有硝烟”的战场已然成型，国际互联网公司和科技巨头纷纷布局元宇宙技术和能力，并且已经运用在军事领域，不限于军事作战、军事研究、军事训练等。为了满足作战仿真试验和大规模虚实结合跨域联合作战演训的需要，国外各军事强国纷纷投入元宇宙技术研究和应用，并在此基础上不断地滚动发展，为满足不断发展的跨域联合体系对抗仿真提供高效的支撑。

1.3.1 国外运用现状

在全球军事领域，美军最早使用虚拟仿真技术开展军事训练。数十年来，美军一直希望打造一个能够完全模拟现实场景、沉浸式、无缝整合的“虚拟战场系统”。现在，对元宇宙兴致勃勃的美军正在尝试打造真正的初阶训练元宇宙。美国太空部队将创建专用训练元宇宙，以数字技术协同训战、对卫星建立数字化模型，为太空作战提供虚拟演习环境，并将在试点成功后推广至其他军种。美军的体系化、数字化建设一直处于相对领先地位，在理论体系、数字系统、作战运用都是各国学习效仿和努力超越的对象。美国基于元宇宙概念正在构建虚拟生态圈，解决国防和工业等多部门的协同发展问题；美太空军及其他联合作战部队正利用元宇宙理念指导协同训练和执行各项作战任务，以期实现各作战单元的虚拟作战生态。

在体系能力方面，美军很注重国防与工业部门的数字采办管理体系建设，通过数字工程建设，将需求、采办、研发、作战等融为一体，大幅提升需求、采办、研发效率。数字现场解决业务流程管理、数字孪生解决装备与作战数字能力、元宇宙构建的虚拟生态圈解决国防和工业等多部门的协同发展。

在数字太空军方面，美国太空军虽然核心团队和装备主要来自美国空军，但成立之初就没有历史包袱，且带有先天的数字属性，成立之后就高调宣称在美国各军种中率先成为数字军。2022年2月，在首届“美国武装部队通信和电子协会太空部队信息技术日”活动上，成立仅两年的美国太空军宣称将创建专用训练元宇宙，通过数字技术协同训战、对卫星建立数字化模型，为太空作战提供虚拟演习环境，并将在试点成功后推广至其他军种。2023年5月，美国太空军采用元宇宙技术规划发射场运作，在一个融合了虚拟世界和物理世界的数字3D元宇宙中对其进行复制。美国太空军的数字工程，通过体系模型、数字孪生技术，形成敏捷开发部署的能力；通过数字兵力计划塑造数字人才，在能力和态度两个方面培养数字创新文化；通过数字总部，提高数据驱动、数字孪生推演等决策效率；通过数字作战，保持太空优势。数字孪生技术提升了美国太空军在感知、判断、决策和行动方面的快速反应能力。

元宇宙让美太空军及其他联合作战部队能够协同、训练和执行各项作战任务，实现各作战单元的虚拟作战生态。在波音777客机的开发过程中，波音公司完全依赖于数字仿真技术进行推演，并随后实现了直接的批量生产。据报道，利用数字孪生技术，波音公司成功减少了50%的返工次数，并有效缩短了研发周期的40%。随着大数据的蓬勃发展和计算能力的增强，元宇宙中的数字孪生体显著提升了作战平台的维护效率。在日常维护中，数字孪生体能够通过按需维修降低装备进厂维护的频率，进而降低资金和时间上的维护成本。在战时，技术人员能够实时在数字空间掌握装备状态，快速定位故障源，并远程指挥抢救和修复工作，以迅速恢复作战能力。美军自2020年夏季起便开始拆解空军的B-1轰炸机，以构建数字孪生机，同时计划创建F-35战斗机的数字孪生体，以便预测飞机性能、预期寿命和潜在故障。

美国空军于2022年3月宣布，在佛罗里达州廷德尔空军基地启用了数字孪生全息实验室，该实验室以数字模型的形式展现了空军基地，使飞行员能够在虚拟环境中进行技术测试。数字孪生技术最初应用于航空航天装备的研发，未来将扩展到陆地、海洋、空中、太空、电子和网络等各个领域的装备研发、生产和维护中。2021年11月，英伟达宣布将打造首台AI数字孪生超级计算机Earth-2，以应对气候变化的挑战，并开发了Physics-ML模型来模拟全球天气模式的动态变化。

针对太空网络安全领域，美国美泰科技公司（Mantech）发布了名为“太空靶场”（Space Range）的虚拟作战系统。该系统主要服务于美国的卫星运营商以及政府相关机构，目的是保护美国军队、情报部门以及商业航天资产不受网络恶意攻击的威胁。根据资料介绍，“太空靶场”本质上是一个虚拟的、闭环的、受控的卫星指挥与控制（C2）仿真环境。通过构建的虚拟硬件，它能够模拟卫星控制操作的虚拟环境，允许红方在仿真环境中发起攻击，以便发现潜在的系统漏洞和软件缺陷。通过这种方式，“太空靶场”期望能够验证并确保太空系统的网络安全。

在联合作战演训方面，国内外本领域的工作目前尚处于构建传统的作战仿真系统阶段。为满足作战仿真试验和大规模虚实结合跨域联合作战演训的需要，国外各军事强国都研制了作战仿真系统，并在此基础上不断地滚动发展，为满足不断发展的跨域联合体系对抗仿真提供高效的支撑，比如BMDS-SIM、军事IMS、JBI、EADTB、EADSIM、

4ACES、CAMANO、COMMANDER、FLAMES、MaxSim、STAGE、JTLS、VBS、ONESELF 等。

全球军事大国密切关注军事训练方式的革新，部分国家开始探索将元宇宙及相关技术应用于军事训练领域。例如，美国相继推出了《国家安全战略》《国家防务战略》及《国防部转型计划》，旨在构建“全能型军队”和实现“全频谱优势”，同时制定了《训练转型战略计划》和《训练转型实施计划》，并提出了综合训练环境（Synthetic Training Environment，STE）的概念，核心在于沉浸式和集成虚拟训练，计划将实时、虚拟、建设性和游戏环境融合到一个综合的培训体系中。俄罗斯同样对虚拟训练系统的开发给予高度重视，其尖端武器装备几乎都配备了相应的虚拟训练系统，并且朝着通用化和嵌入化方向发展。英国、德国、韩国等也都积极开发各种专业军事训练虚拟环境。以人工智能、虚拟现实与增强现实等技术为支撑的智能化训练，正逐渐成为强国军事训练研究的主流。

近几年国外涌现出很多利用元宇宙相关技术构建复杂地形和战斗场景的事例，实现了适用于协同环境下的沉浸式训练，如表 1-2 所示。

表 1-2　国外训练元宇宙技术相关产品

公司/机构	产品	简介
美国陆军	STE	综合训练环境，通过高保真的复杂地形构建和战斗建模仿真，实现单人或群体协同的沉浸式训练
BISim	OWT	为美国陆军未来司令部 STE 项目开发软件，结合卫星、传感器扫描得到的 3D 数据，呈现高保真的地形模拟
Red 6	ATARS 和 CARBON	ATARS 通过飞行员的真实视野上投射虚拟敌机来模拟多机空战，提供真实战斗场景，降低培训整体成本，ATARS 和 CARBON 实现多用户在同一数字空间内的共同训练
Improbable	Skyral	元宇宙生态系统，支持合成环境协作开发，已完成两万台机器密集仿真和交互的压力测试，寻求达到多域作战规模计算和网络能力
波兰战争研究大学	SANSAR	一款三维虚拟世界平台，用户通过头戴设备进入沉浸式体验，通过使用涉及危险环境的模拟和活动来加强体验学习
Optimus System	DEIMOS	由韩国的军事训练模拟器供应商基于空间同步技术的射击训练环境概念开发，可以帮助创造各类军事训练环境

这些产品中完成度较高的是 Red 6 公司的产品 ATARS 和 CARBON。Red 6 是美国 AR 空战训练服务提供商，能够提供动态、户外、宽视野、全彩、可演示的 AR 服务。其产品 ATARS 全称“机载战术增强现实系统”，为头戴式设备，设备的 AR 投影具有动态性，将在不同的位置或时间触发不同的内容；真实的飞行员驾驶真实的飞机，与 AR 合成的对手进行交战，这使得美军无须拥有对手实体飞机即可达到对抗训练的目的。

1.3.2　我国运用现状

在国家“十四五”规划中，提出了构建数字经济新优势的目标，强调要利用庞大的数据资源和多样化应用场景，推动数字技术与实体经济的深度结合，以此来增强传统行业的转型和升级，同时催生新产业、新业态和新模式。最近，科技和学术界对元宇宙概念的热烈讨论，促使全球主要国家重新聚焦于数字化技术的发展，我国的国防工业领域也必须密切关注这一概念的发展趋势及其可能带来的深远影响。

随着世界军事强国对元宇宙军事需求的不断探索，我国在 2022 年公开提出在训练领域元宇宙可用于满足大规模作战背景下的实战化训练要求，各级参训人员可通过扮演现任岗位或拟任岗位的角色，在更大规模、更具对抗性、更长持续时间的环境中，反复接受训练与考核。《解放军报》等多家媒体和军事期刊密集公开发表多篇文章，围绕元宇宙技术在军事训练领域运用，对训练元宇宙的基本概念、主要特征、工作机理、运用样式、技术体系、能力效果等开展理论研究，并推动在多项重大工程建设任务的具体立项落地实施。

2023 年 9 月，国家工信部等 5 部门印发《元宇宙产业创新发展三年行动计划（2023—2025 年）》，提出构建先进元宇宙技术和产业体系、培育三维交互的工业元宇宙、打造沉浸交互数字生活应用、构建系统完备产业支撑、构建安全可信产业治理体系等五个方面 14 条重点任务，为训练元宇宙提供了强大的生态体系和技术产业支撑，有利于专注于国防科技领域的工业部门在技术研发、系统集成及政策支持方面进一步提升产业优势。

根据公开资料，国内仿真推演领域普遍处于分布式仿真初级阶段，受底层技术架构限制，普遍性能不高。特别是大规模、实时化、高保真能力受限，一旦仿真场景复杂、实体众多，就会出现卡顿甚至崩溃，更无法满足元宇宙条件下的仿真模拟需求。此外，现有平台难以针对快速发展的新装备、新作战模式及战法进行新模型的添加和修改，使用场景有限，安全能力和运行性能不足，未实现全系统分布并行化运行，难以持续滚动升级和积累发展，更无法满足大规模高可信跨域联合作战仿真对时效性的要求。

目前，我军在相关领域武器装备研发和采购仅包括单一军兵种和作战环境的传统对抗仿真系统和软件，尚未见到元宇宙作战实验平台的部署和大规模研发工作的报道。但是有关我军使用虚拟现实手段辅助训练的国外报道比较多，比如在《亚洲时报》的报道中，美国海军战争学院发布了一份关于中国海军发展“蓝色力量”以进行更逼真的战斗训练的报告。中国海军被描述为正在利用尖端的虚拟技术，包括创建“战场元宇宙”，以提高其海军实力并挑战美国在太平洋的主导地位。这种高科技的“蓝色部队”在模拟美国对手的战斗训练中，结合了有人和无人系统，强调虚拟模拟和电子战能力。通过这种方式，中国海军能够更有效地针对美国及其盟友进行训练，提高战备状态，并可能削弱美国在该地区的海军主导地位和威慑力。

1.3.3　技术水平分析

训练元宇宙涉及在虚拟现实、增强现实、人工智能等新信息技术支撑下，军事教育、训练、演习、作战支援、装备研制等各个环节的虚拟化、数字化、网络化。该领域涵盖了人工智能、数字孪生、虚拟现实、增强现实、大数据、区块链、5G、云计算等多项前沿技术。它是一种虚拟/现实军事生态系统的重要数字基础设施和重大工程。其中，一体化、标准化的完备网络信息体系是训练元宇宙运行的基础；数字平行空间、数字云和区块链等高新技术是训练元宇宙有序运行的支柱；数据、情报、信息、计算和指令是驱动训练元宇宙运行的主要动力因素；军事智能化应用的综合集成是训练元宇宙运行的灵魂。

美国科技巨头在元宇宙领域的布局显得尤为积极。例如，Epic Games 的创始人 Tim Sweeney 于 2020 年提出“元宇宙”虚拟时空概念；Roblox 在招股说明书中首次使用了“Metaverse”一词；而 Facebook 更是直接将公司名字改为“Meta”，表达了其转型成为一家元宇宙企业的愿景。通过在技术领域多年的积累与布局，美国在元宇宙的基础设施及平台方面已经初步取得了一定的成果。美国对元宇宙的关注点集中于基础设施与功能性平台，其核心竞争力主要体现在硬件入口及操作系统、后端基建、底层架构等方面，同时在人工智能方向也具有较强的竞争力。在训练元宇宙领域，基于领先的底层技术，美军各军种都开展了元宇宙在军事领域的应用，突出体现在日常训练与末日演习中。

得益于在人工智能领域的重大进展，以及腾讯、阿里巴巴、字节跳动等互联网巨头的技术储备，中国在构建元宇宙应用方面实现了显著的成就，部分技术已实现超越和领先。中国已经建立了完整的全栈技术体系，并持续扩大元宇宙应用的范围和深度。中国的元宇宙构建技术正逐渐成熟，为军事训练的应用开辟了新的途径。

第 2 章　系统总体架构设计

训练元宇宙系统将采用全自主开放式体系架构技术，从元宇宙可扩展架构、生成式人工智能算法、仿真评估方法等方面深入开展研究，突破无限可扩展云边端一体化训练元宇宙系统架构、基于生成式人工智能的快速战场环境构造、多粒度智能化虚拟兵力训练与交互控制、可重构元数据与元模型、可信度量化评估技术等关键技术，适配融入各类兵棋系统、平行战场、智能蓝军、仿真模拟、虚拟靶场、对抗博弈、VR/AR 等应用系统/技术，为深入开展各军兵种训练元宇宙应用提供广阔的发展空间。

利用元宇宙技术为军事训练构建逼真且实时变化的地、海、空、天、电、网、认知、情报等战场环境及其作战应用，形成符合训练元宇宙关键特性的架构，为军事训练过程中构思作战场景、推进演习演练、验证决策谋略、创造战术战法和评估毁伤效果提供推演验证平台，支撑典型作战行动规划计划、仿真评估、平行推演、虚拟训练等应用场景，将对军事训练带来变革性影响，极大地改变原有的军事训练活动范式。

2.1　训练元宇宙系统技术框架

为满足快速发展的智能时代对大规模、高可信、跨域、联合作战仿真的迫切需要，为武器装备体系论证、新质作战能力检验、新装备战法、新作战模式和新概念作战理论研究、近实战条件下大规模虚实结合跨域联合作战演训、作战方案推演评估提供强有力的技术支撑，引入元宇宙理念，围绕战场环境所包含的综合自然环境（地球、海洋、大气、空间）、电磁空间环境（复杂电磁环境）、网络空间环境（互联网、工控网等）、战场情报环境（目标、态势、意图等）、认知空间环境（社会、群体），以高性能计算、高性能仿真、高性能地理信息系统、高性能虚拟现实等技术为强大支撑，将数字孪生战场、装备模拟、作战推演、虚实一体演练、实战指挥控制有机融合在一起，研制元宇宙未来战场实验环境，为实现“怎么指挥就怎么打，怎么打就怎么演练，演练的系统就是打仗的系统”提供强大的技术支撑。

训练元宇宙系统技术框架总体方案如图 2-1 所示，首先构建训练元宇宙云边端融合架构，该架构的设计通过仿真能力可扩展性、边侧服务低延迟性、终端计算渲染云化、虚实融合可交互性这四个方面来保障技术先进性。

在训练元宇宙底层架构的支撑下，形成可重构的元数据和元模型，包括物理模型（如受力、摩擦、温度等）、环境模型、传感器模型、火力模型、运动能力模型、通信能力模型和虚拟士兵模型，这些模型作为积木式基座，为整个训练元宇宙提供可重构的基本单位。

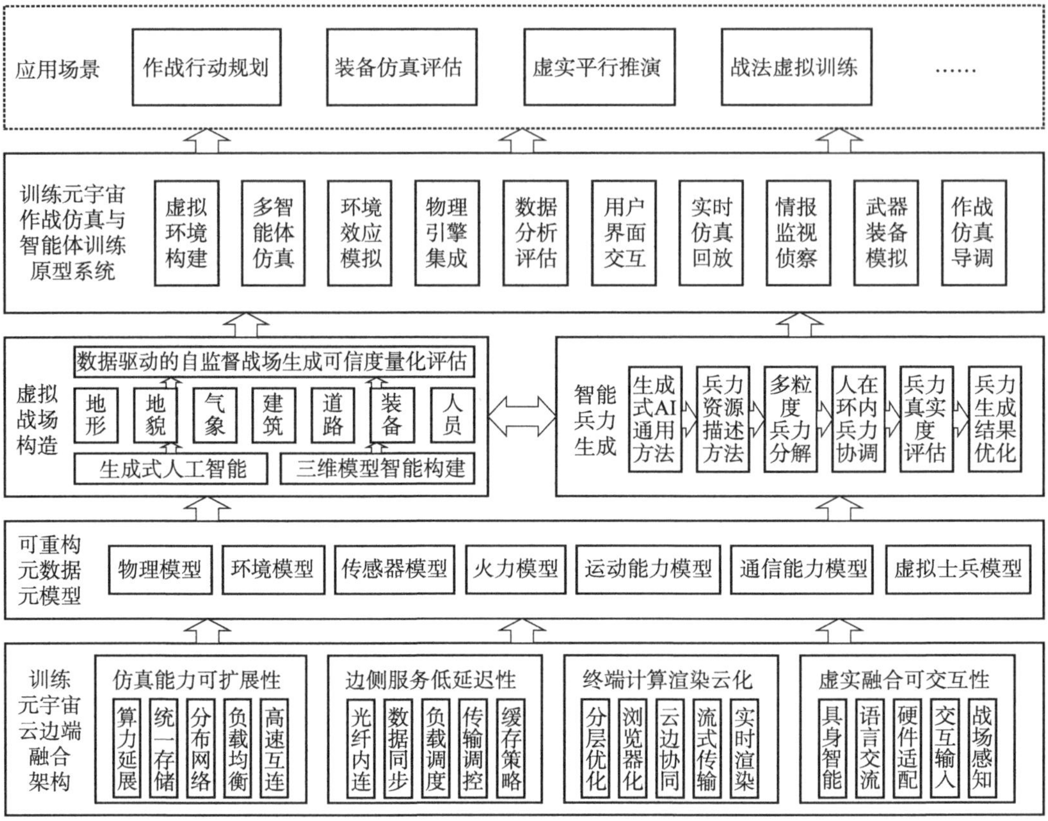

图 2－1　训练元宇宙系统技术框架总体方案

基于可重构的元数据和元模型，系统将实现虚拟战场构造模块和智能兵力生成模块，其中虚拟战场构造模块依托生成式人工智能和三维模型智能构建两个基础技术能力，构建地形、地貌、气象、建筑、道路、装备和人员等战场环境与要素，然后由评估模块进行评估反馈，迭代生成更加具有真实性的虚拟战场，其中评估的标准就是比对生成的虚拟战场与少量真实输入数据，实现自监督的可信度量化评估。

智能兵力生成模块同样以生成式 AI 的大语言模型为基础，依据兵力资源描述方法，在旅、营、连、排等多个粒度上生成各层级的兵力，导调人员可以进行人在环内的兵力协调修改，并交由兵力评估模块评估兵力生成的真实度和合理性，最后根据评估结果进行迭代优化。

在虚拟战场构造和智能兵力生成这两个核心模块的支撑下，训练元宇宙作战仿真与智能体训练原型系统是主要输出成果，该系统具备虚拟环境构建、多智能体仿真、环境效应模拟、物理引擎集成、数据分析评估、用户界面交互、实时仿真回放、情报监视侦察、武器装备模拟和作战仿真导调等功能。

训练元宇宙作战仿真与智能体训练原型系统将服务各战区，并紧扣训练需求，为典型作战行动规划、装备仿真评估、虚实平行推演、战法虚拟训练等应用场景提供系统级支撑。

技术方案既能体现训练元宇宙在智能构建、无限扩展、永续运行、动态重构等方面的优势，在技术实施层面也具有合理性、可行性和高效性，原型系统具有虚拟战场快速构造、智能兵力拟真生成、仿真能力可量化评估并持续演化等能力，具备为作战行动规划、仿真评估、平行推演、虚拟训练提供有效支撑的能力。

2.2　训练元宇宙系统架构设计

训练元宇宙系统架构设计如图 2－2 所示。系统主要分为 6 层，分别是硬件层、服务层、算法层、模型层、应用层、席位层。以下将自底向上分别介绍。

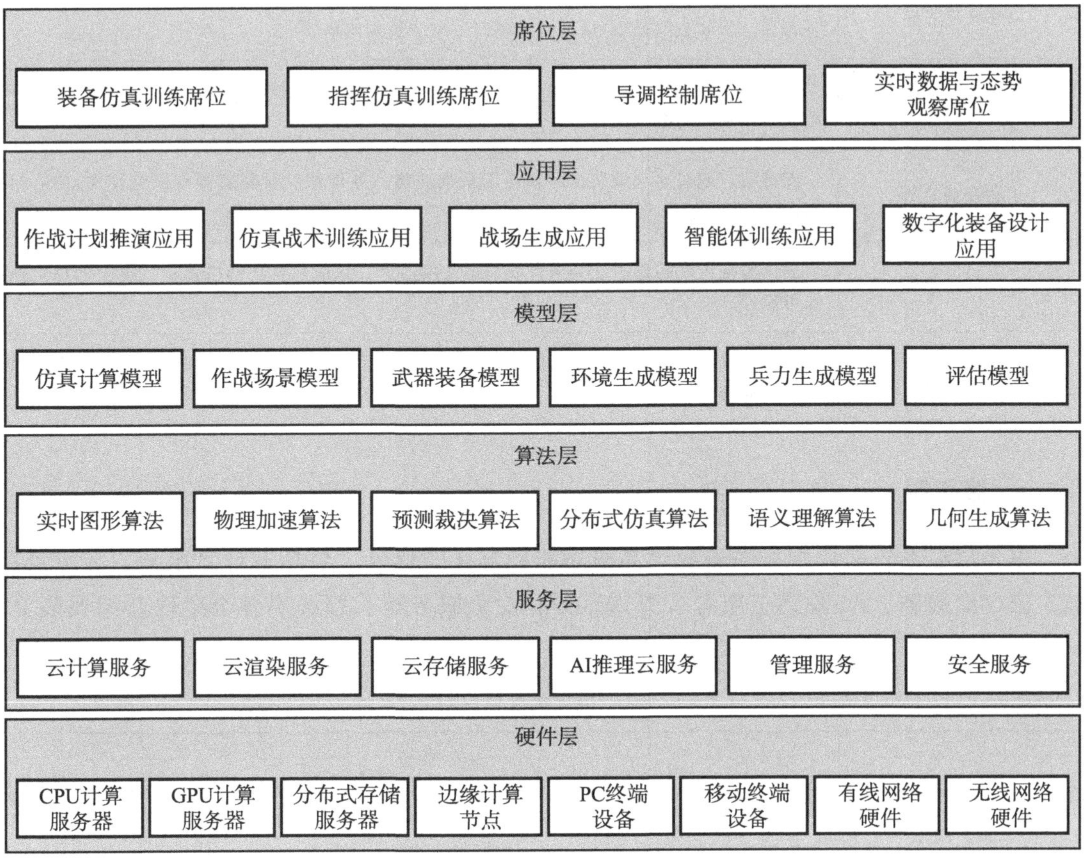

图 2－2　训练元宇宙系统架构设计

2.2.1　硬件层

硬件层在系统架构中扮演着底层的角色，主要负责提供物理设备和基础设施，以支持软件系统的运行和数据处理，包括 CPU 计算服务器、GPU 计算服务器、分布式存储服务器、边缘计算节点、PC 终端设备、移动终端设备、有线网络硬件、无线网络硬件等。硬件层各个组件介绍如表 2 - 1 所示。

表 2 - 1 硬件层组件

组件	介绍
CPU 计算服务器	执行系统的计算任务，包括数据分析、算法运算等。管理和调度系统中的计算资源，确保任务在各个节点间均衡分布
GPU 计算服务器	专门用于高性能并行计算任务，如机器学习模型训练、图形处理等。提供比传统 CPU 更强的推理能力，加速复杂算法和模型的运行
分布式存储服务器	提供大规模数据的持久化存储服务，支持系统中各种数据类型的高效存取。实施数据的备份和恢复策略，保证数据的安全性和可靠性
边缘计算节点	在物理接近数据源或者用户的地方处理数据，减少数据传输延迟。支持边缘设备上的分布式计算和数据处理，适用于需要即时响应的应用场景
PC 终端设备	提供用户与系统交互的界面，如桌面应用程序。执行轻量级计算任务和数据处理，支持离线工作和临时数据存储
移动终端设备	支持用户通过移动设备访问和使用系统功能。处理移动设备资源有限的特性，如电池寿命、网络带宽等
有线网络硬件	提供系统内部各设备之间的有线数据传输通道。保证数据在网络传输过程中的稳定性和可靠性
无线网络硬件	支持系统内部设备和外部网络之间的无线数据传输。为移动设备和无线网络用户提供连接和数据交换的能力

2.2.2 服务层

服务层在系统架构中扮演着提供高级功能和支持的角色，包括云计算服务、云渲染服务、云存储服务、AI 推理云服务、管理服务、安全服务等。服务层各个组件介绍如表 2 - 2 所示。

表 2 - 2 服务层组件

组件	介绍
云计算服务	根据需求提供可扩展的计算资源，支持处理大规模数据和复杂计算任务。管理和优化虚拟机或容器的部署和资源分配，实现资源的最大化利用
云渲染服务	提供高性能的图形渲染能力，支持复杂的视觉效果和图形处理需求。允许用户通过云服务进行远程渲染，减少本地设备的负担和成本
云存储服务	提供高可用性和可扩展性的存储服务，支持大规模数据的安全存储和访问。实施自动化的数据备份和恢复策略，确保数据的持久性和安全性
AI 推理云服务	提供高效的机器学习模型推理服务，支持实时数据分析和智能决策。管理和优化机器学习模型的部署和运行，提升推理效率和准确性

续表

组件	介绍
管理服务	监视系统的运行状态和性能指标，实施资源调度和故障管理。管理系统配置和软件更新，确保系统的稳定性和安全性
安全服务	管理用户身份验证和授权，保护系统免受未经授权的访问。实施数据加密和隐私保护策略，确保数据在传输和存储中的安全性

2.2.3　算法层

算法层在系统架构中扮演着实现复杂计算和智能决策的引擎角色，包括实时图形算法、物理加速算法、预测裁决算法、分布式仿真算法、语义理解算法、几何生成算法等。算法层各个组件介绍如表 2 - 3 所示。

表 2 - 3　算法层组件

组件	介绍
实时图形算法	实现图像的实时处理和优化，包括滤镜、增强、变换等操作。支持实时生成和渲染复杂的图形和视觉效果，如游戏场景或模拟场景的实时显示
物理加速算法	实现物体运动、碰撞、力学效应等物理现象的高效计算和模拟。优化计算过程，提升物理模型的计算速度和精度，支持复杂场景的物理仿真
预测裁决算法	基于历史数据和模型预测未来事件或趋势，支持决策制定和行动规划。提供决策者所需的预测结果和建议，帮助优化业务流程和资源分配
分布式仿真算法	通过多个节点协同工作，实现大规模系统或事件的并行仿真和计算。将不同的仿真模块集成到一个统一的分布式系统中，以支持复杂场景的模拟和分析
语义理解算法	理解和解释自然语言文本和图像的意义和语境，支持智能对话和信息提取。识别和理解文本图像中的关键信息和语义结构，为后续处理提供准确的语境理解
几何生成算法	生成和处理几何形状和结构，如建筑物、地形等的生成和优化。为图形界面或虚拟环境提供几何图形的高效渲染和展示

2.2.4　模型层

模型层在系统架构中扮演着实体对象生成和处理的重要角色，包含仿真计算模型、作战场景模型、武器装备模型、环境生成模型、兵力生成模型、评估模型等。模型层各个组件介绍如表 2 - 4 所示。

表 2 - 4　模型层组件

组件	介绍
仿真计算模型	通过数学模型和计算方法模拟现实世界的物理过程或系统行为。调整模型的参数以反映不同的场景或条件，支持模拟实验的多样性和准确性

续表

组件	介绍
作战场景模型	建立和描述作战中可能发生的各种场景和情境。分析战场上的各种因素和动态变化，为指挥决策提供信息支持
武器装备模型	描述和模拟不同类型武器和装备的性能、特点和使用效果。评估不同装备在特定战术场景下的作用和效果，支持武器系统的优化和选择
环境生成模型	生成和模拟多样化的环境场景，包括地形、天气、光照等因素。分析环境变化对系统行为和性能的影响，为系统设计和决策提供参考
兵力生成模型	根据任务需求和战术目标生成适当的兵力配置方案。模拟和评估不同兵种和兵种组合的效能，支持战术部署和人员分配
评估模型	评估系统设计和决策在不同场景下的效果和影响。基于模型结果提供决策建议和优化方案，支持战术和战略决策的制定

2.2.5　应用层

应用层在系统架构中承载着直接面向用户需求的各种应用功能，包含作战计划推演应用、仿真战术训练应用、战场生成应用、智能体训练应用和数字化装备设计应用。应用层各个组件介绍如表 2－5 所示。

表 2－5　应用层组件

组件	介绍
作战计划推演应用	支持指挥员制定和评估不同作战计划的实施方案。模拟和评估各种战术策略在不同条件下的有效性和可行性
仿真战术训练应用	提供实时仿真环境，让士兵和指挥员在虚拟战场上进行战术训练和演练。提供即时反馈和绩效评估，帮助提升个体和团队的战术技能和决策能力
战场生成应用	监控战场上的实时情况和动态变化，支持指挥员的战场决策。整合和展示各种数据源和信息，提供全面的战场态势感知和分析能力
智能体训练应用	模拟智能体的行为和决策，用于训练和评估各种自动化系统的性能和智能。优化智能体的算法和行为模式，提升其在复杂环境下的适应性和响应能力
数字化装备设计应用	模拟和设计新型数字化装备和系统，包括虚拟原型的创建和测试。评估装备设计的性能和效果，支持装备制造和改进的决策和过程

2.2.6　席位层

席位层包含装备仿真训练席位、指挥仿真训练席位、导调控制席位、实时数据与态势观察席位等，在系统架构中扮演着模拟和控制系统操作的交互角色。席位层各个组件介绍如表 2－6 所示。

表 2-6　席位层组件

组件	介绍
装备仿真训练席位	提供虚拟环境，模拟各种装备的操作和使用情景，如车辆、武器系统等。让操作员能够在安全和模拟环境中进行装备的实际操作和应急响应训练
指挥仿真训练席位	模拟指挥员在战场上的指挥决策和行动，包括战术指挥和危机应对训练。提供复杂情况下的决策模拟和实时反馈，帮助指挥员优化决策能力和战术敏捷性
导调控制席位	模拟导弹、飞机等武器系统的导调和控制过程，确保精确的目标击中和效果评估。监控导弹飞行轨迹和效果，调整和优化导调指令，提升作战效率和精准度
实时数据与态势观察席位	实时监控和分析战场上的数据流和情报，包括敌我态势、资源分配等。整合多源数据，提供全面的战场态势感知和决策支持，帮助指挥员实时应对变化

2.3　训练元宇宙系统功能

训练元宇宙系统的功能主要包含基础功能、虚拟战场环境构建与评估功能、智能兵力生成与控制功能、可重构的元数据与元模型设计功能等。

2.3.1　基础功能

基础功能主要包括仿真技术支持、低延时边缘计算和异步处理、战场环境仿真与云渲染技术、虚实协同技术集成等。

（1）仿真技术支持

训练元宇宙系统借助尖端的分布式军事仿真技术，实现了对大规模、多维度军事仿真任务的承载。这涵盖了复杂的战场情景模拟、战术行动规划以及实时作战决策支持。该系统不仅运用了分布式计算资源，还通过精确的资源管理和调度，提升了仿真过程的效率和资源使用率。这种分布式架构不仅能够应对大量数据和复杂计算任务，还能迅速适应不同的战术需求和战场环境的变化。

（2）低延时边缘计算和异步处理

训练元宇宙系统采用低延时边缘计算技术，将部分计算任务和数据处理推向靠近战场的边缘节点，极大地减少了数据传输的延迟和网络拥塞风险。这种架构不仅提升了实时性和响应速度，还支持异步处理，使得各个部分可以独立运行，不受其他部分操作的影响，从而更加灵活和高效地完成复杂的仿真任务。

（3）战场环境仿真与云渲染技术

经过精心打造，训练元宇宙系统现已具备了卓越的战场环境模拟技术，能够创造出极为真实的虚拟战场，涵盖了错综复杂的地形、多样的天气状况以及丰富的景观元素。该系统通过精确的环境模拟，为决策者提供了一个观察和分析真实场景的平台。利用云渲染技术，系统能够以高清晰度的视觉效果展现虚拟战场环境。云渲染技术不仅实现了精细的光影效果和逼真的材质质感，还能在不同的视角和光照条件下，展示战场环境的动态变化和独特特征。这种技术使得军事分析更加直观和深入，并且支持决策者在仿真环境中实时进行战术评估和决策，从而提高战场指挥的精确度和效率。

（4）虚实协同技术集成

通过运用尖端的虚实融合技术，训练元宇宙系统成功地将虚拟空间与真实战场紧密结合，实现了虚实协同作战训练。这种融合不仅实现了虚拟仿真数据与现实操作的无缝对接，还包括了数据共享和统一指挥控制。系统将虚拟仿真产生的数据、战术分析以及战场模拟的成果，无缝地应用于实际战斗中。这种紧密的集成提升了作战的效率，让指挥员能够依据实时数据和仿真结果，迅速作出决策和调整。此外，借助虚实结合的优势，系统能够检验和改善战术计划，预先判断战场形势的变动，从而增强作战方案的灵活性和实际应用性。

2.3.2 虚拟战场环境构建与评估功能

虚拟战场环境构建与评估功能主要包括生成式 AI 驱动的战场环境创建、大模型驱动的三维战场要素模型化、虚拟战场可信度量化评估等。

（1）生成式 AI 驱动的战场环境创建

利用尖端生成式人工智能技术训练元宇宙系统，可以迅速且精确地构建复杂的战场环境。该技术不仅实现了地形的多样化与细致化，还能够模拟包括天气变化、建筑物布局在内的多种环境因素。系统拥有动态调整和即时更新环境因素的功能，以适应不同的战术需求和实际战场的变动。通过实时数据的输入与反馈，系统能够动态地调整所生成的环境，确保其与真实战场状况相符，并能在仿真过程中进行即时的调整与优化。这种灵活性和响应速度，使得指挥员能够在仿真环境中多次模拟，检验战术方案的有效性，进而实现实际战斗中更精确和高效的指挥。

（2）大模型驱动的三维战场要素模型化

采用大规模视觉模型技术的训练元宇宙系统，能够创建出精确且极为逼真的三维战场模型。这些模型不仅涵盖了地形、建筑物以及自然元素的精细描绘，还能在各种尺度上捕捉到战场细节的微妙之处。系统能够提供高清晰度和高精确度的战场可视化，让用户能够全方位地观察和分析战场态势。这种高度仿真的模型不仅能够展示静态场景，还能动态地展现环境变化和战术动作，为指挥员提供深刻的战术分析和决策支持。

（3）虚拟战场可信度量化评估

训练元宇宙系统通过构建特定的评估技术，实现了对虚拟战场真实感和仿真度的量化评估。该过程涉及对模拟数据、环境模拟以及操作步骤的全面分析，旨在保证所创建的虚拟战场环境与现实战场环境的匹配度和可信性。系统能够提供精确的模拟结果和评估报告，这些报告不仅包含了精确度、全面性和及时性等定量指标，还包括了用户体验和操作效率等多方面的综合评价。这些评估结果能够为决策者提供基于数据的决策支持，并为战术决策提供科学的依据和可信的参考。

2.3.3　智能兵力生成与控制功能

智能兵力生成与控制功能主要包括智能辅助兵力部署与调度、多粒度兵力单元自主作战能力、基于大数据模型的兵力指控与交互等。

（1）智能辅助兵力部署与调度

借助人机结合的智能辅助技术，训练元宇宙系统实现了高效的兵力规划与部署。该技术利用实时数据和高级算法，根据战场实际情况动态调整兵力部署方案，从而提升作战效率和反应速度。系统自动分析战场状况和实时数据，评估并调整兵力的位置、规模和配置，以满足战术需求并适应战场变化。这种智能化的兵力部署功能不仅能够快速应对紧急情况，还能优化资源分配并最大化战斗力量。通过智能辅助兵力部署与调度技术，训练元宇宙系统协助决策者在复杂战场环境下作出高效、精确的部署决策，进而提高作战效率和战场指挥的整体效能。

（2）多粒度兵力单元自主作战能力

训练元宇宙系统采用多层次、多粒度兵力单元自主作战仿真技术，能够支持从个体士兵到完整部队的自主作战决策和执行。允许系统中的每一个兵力单元，无论是个体士兵、小分队还是大型部队，根据战场情况和预设指令，独立地作出决策和执行任务。每个兵力单元都具备智能化的感知、决策和行动能力，能够根据周围环境动态调整战术行动，并与其他单元协同作战。

（3）基于大数据模型的兵力指控与交互

训练元宇宙系统融合大数据分析与模型推演技术，优化兵力指挥与控制流程。该技术通过分析战场态势和兵力数据，利用大数据技术，为指挥员提供实时、精确的兵力互动与协作能力。系统整合并分析海量实时数据，涵盖敌我双方兵力分布、地形地貌、气象状况等，预测战场趋势方向，模拟战场发展，并向指挥员提供最佳的兵力配置和行动方案。

2.3.4　可重构的元数据与元模型设计功能

可重构的元数据与元模型设计功能主要包括标准化数据架构与元模型设计、交互式数据与模型管理等。

（1）标准化数据架构与元模型设计

训练元宇宙系统专注于打造一个灵活且可扩展的数据架构和元模型，旨在促进数据与模型的互动式重建与动态调整，以满足多样化的战场需求和技术演进。系统在设计数据架构时，充分考虑战场环境的复杂多变，利用标准化的元模型来规定数据结构和相互关系，确保数据在不同使用场景中保持一致性和操作性。这种架构不仅能够整合各种数据源和格式，还能灵活适应未来技术与战术的演进。

系统采用了分层的数据架构策略。在资产存储层，它能够高效地保存和管理庞大的数据与模型资产，为后续的数据处理与分析奠定坚实基础。在元数据元模型层，系统通过建立统一的元模型来阐述数据结构和相互关系，实现数据的标准化与规范化，提升数据品质和可用性。该层的设计还兼顾了数据的可扩展性和灵活性，确保系统能够轻松适应未来技术与战术需求的演进。

（2）交互式数据与模型管理

开发训练元宇宙系统时，需打造一系列交互式工具，这些工具的主要目的是帮助用户管理和评估数据与模型的演变。这些工具不仅允许数据和模型动态更新和调整，而且确保系统能够即刻应对和适应复杂的战术环境及任务需求。用户能够利用这些工具实时导入、更新和清洗数据，确保数据的精确性和完整性。系统还支持模型的交互式构建、优化和版本控制，让用户能够根据不同的应用场景和战术任务需求灵活调整和优化模型。

此外，这些交互式工具还配备了直观的用户界面，方便用户监控数据和模型的状态，及时发现并解决问题。通过数据和模型的可视化分析及评估功能，用户能够更深入地理解它们之间的关系，以及它们对仿真结果的影响。这种交互式管理不仅提升了工作效率，还增强了系统的灵活性和适应性，确保训练元宇宙系统能够持续适应不断变化的战场需求和训练要求。

2.4 重难点技术问题

通用元宇宙技术运用到军事训练中，需要重点针对军事训练特点，研究面向训练元宇宙的高性能系统架构、基于生成式人工智能的虚拟战场构造、自监督战场环境生成质量量化评估、AI辅助兵力自协调交互控制等重难点技术。

2.4.1 面向训练元宇宙的高性能系统架构

在构建训练元宇宙的高性能系统架构中，低延迟异步边缘计算同步技术是实现大规模用户在同一虚拟空间内获得一致视觉和体验的基础，其核心挑战在于优化仿真状态在众多用户设备之间的传输与更新机制，需要探索低延迟异步边缘计算同步技术，以支持元宇宙环境中海量用户的实时互动。

1）高效传输机制：开发高效的数据传输协议，以最小化延迟并快速更新用户设备上的仿真状态。

2）实时数据处理：设计算法以实时捕捉和处理用户的动作、位置和物理状态变化，保障数据的时效性和准确性。

3）数据一致性保证：构建强健的数据一致性框架，以应对网络不稳定性和数据丢失事件，确保所有用户视图的一致性。

4）带宽优化策略：采用先进的数据压缩和带宽管理技术，以适应有限的网络资源，优化数据传输效率。

2.4.2 基于生成式人工智能的虚拟战场构造

利用深度学习模型，本研究提出了一种基于 Convolution－Transformer 架构的图像解析几何语言对齐技术，目的是自动创建精确的三维虚拟战场模型。该技术首先采用多层 Convolution－Transformer 架构作为视觉编码器，以提取图像中的高级语义特征，并以 Embedding 形式进行表示。随后，这些 Embedding 信息通过 U－Net 结构传递至 Fusing－Transformer 架构的解码器，从而生成易于人类理解的解析几何语言描述。

1）结合卷积神经网络和 Transformer 模型的优点，提升图像语义特征提取的效率和精确度。

2）通过 U－Net 结构优化特征传递，增强神经网络模型在细节生成方面的能力。

3）引入自回归解码器，实现从宏观到微观的逐步细化迭代，提升三维模型的生成质量和真实感。

4）通过训练 AI 识别基本几何形状及其相对尺寸和距离，为复杂场景的精确重建奠定坚实基础。

2.4.3 自监督战场环境生成质量量化评估

将战场上通过无人机或其他装备获取的真实照片，AI 自动生成 3D 模型，重建参数化、有语义、可修改的战场环境三维模型。在此通过三种方案采用自监督方法评估三维战场环境的生成质量。

1）把 3D 模型放入仿真系统里，调整仿真系统的光照，使其和战场光照条件相同，调整仿真系统的雨雾等气象条件，使其和战场气象条件相同。再调整虚拟相机的位置、角度使其和战场上真实相机的位置、角度相同。在虚拟场景中拍摄一张照片，和战场上的真实照片比对。取样 n 个点逐像素计算误差，对两点之间直线距离（$P_{\text{pre}}-P_{\text{true}}$）的平方求和后平均，有

$$\text{Error}=\frac{1}{n}\sum(P_{\text{pre}}-P_{\text{true}})^2$$

此数值有助于衡量 AI 构建 3D 场景的质量。

2）若能获取战场多个视角的照片，便能运用交叉验证手段，进一步增强战场环境构建的精确性。首先，通过立体视觉或运动视差技术，计算物体在现实世界中的确切位置。随后，比较现实世界与 AI 构建的 3D 模型中物体位置的差异，以此来评估 AI 构建的 3D 场景品质。

3）依据物体的语义及其空间关系，判断其布局的合理性。例如，树木不应出现在汽车内部或屋顶上，房屋也不应悬空。评估系统检验各模型的空间合理性，实现对物体位置错误的发现与自动修正。

2.4.4 AI 辅助兵力自协调交互控制

在军事指挥与控制的范畴内，引入人工智能的主要目的是提高指挥的效率和战斗的效

能。关键在于关注 AI 在自主学习及自协调交互控制方面的关键技术革新，主要涉及以下三个方面。

（1）迅速掌握互动模式与辅助执行任务

在人类与机器共同控制的场合，AI 借助机器学习技术逐渐了解并模仿人类指挥员的操作模式。通过对以往指挥动作的解析，AI 能够预见并自动执行一系列连贯的操作，这样可以减轻人类指挥员的工作压力。举例来说，如果 AI 注意到指挥员在命令部队野外扎营后通常会接着发出挖掘战壕的指令，那么在下一次出现类似情况时，AI 将能自动预先执行挖掘战壕的指令，帮助指挥员处理那些常规且重复的任务。

（2）网络模仿式学习

在与人类的互动中，AI 系统不仅学习了具体的操作步骤，还通过模仿人类的指挥策略和决策过程，持续提高其指挥技能。这种网络学习方式让 AI 能在实际战斗环境中即时调整自己的行动，以更有效地协同人类指挥员的决策。

（3）协同控制机制

在人机共治的环境下，若人类与 AI 同时操控同一实体，可能会遇到指令不一致的冲突问题。为了避免这类问题，AI 系统需要有强大的上下文感知能力，以便精确地预知人类指挥员的意图与需求。AI 系统将依据实时情况决定何时将控制权交给人类，何时由 AI 继续控制，以保证指挥的流畅性和效率。例如，当 AI 察觉人类指挥员未集中精力于特定实体的操控时，AI 可临时接管该实体的控制；一旦发现人类指挥员需要亲自操控该实体，AI 则会立即交出控制权。

第 3 章　分布式高性能引擎

随着元宇宙技术在军事训练中扮演越来越重要的角色，其技术基础架构成为达成高效和真实训练的关键。特别是在创建复杂的军事训练环境时，系统的性能、可扩展性和协作性面临严峻挑战。分布式高性能引擎，作为元宇宙技术在军事训练领域应用的核心，包含多个关键领域，在增强军事训练效率、品质和真实度方面起到了至关重要的作用。其进步与实践，不仅让参训人员在虚拟世界中体验更接近实战的训练环境，还借助强大的计算和渲染技术，实现大规模、多场景、高并发的军事模拟训练。

本章将从可扩展分布式军事仿真、战场环境仿真云渲染、存算一体按需供显场景合成、云边协同高性能元宇宙引擎、面向元宇宙的基础软件优化等方面，深入探讨分布式高性能引擎的各个关键技术点。

3.1　可扩展分布式军事仿真

在训练元宇宙的构建中，可扩展分布式军事仿真技术是实现复杂虚拟环境高效运作的核心技术，需要解决高并发处理、系统稳定性、弹性伸缩、分布式计算以及云计算平台的有效利用等多方面的挑战。

3.1.1　泛化计算技术

元宇宙的扩展与进步依赖于庞大的计算与存储资源。更加逼真、全面的体验同样预示着数据量的激增。元宇宙的规模与完整性直接受限于现实世界的计算与存储能力。云计算等泛在计算技术构成了元宇宙的核心支撑架构，负责承载元宇宙庞大的数据量，并持续不断地提供计算、存储及机器学习资源。元宇宙作为人们连接的桥梁，其挑战在于实现低延迟的连接，这要求通信网络基础设施必须达到更高的标准。

元宇宙的蓬勃发展离不开运算能力的支撑，云计算因此获得了显著的进步。随着人们不断构建元宇宙，对数据量的需求急剧上升，这使得云计算成为支撑元宇宙的关键基础设施。尝试使用常规计算机设备来处理元宇宙庞大的代码库是不切实际的，而云计算提供了一个理想的解决途径。

目前，云计算服务已经通过混合发展实现了质的飞跃，它融合了分布式计算、效用计算、负载均衡、并行计算、网络存储、热备份冗余以及虚拟化等多项计算机技术。这使得 IT 资源得以集中管理，性能得到提升，成本得以降低，管理也变得更加简便。

云计算能够提供大量且价格低廉的基础资源。在元宇宙的应用场景中，云计算所固有的分布式网络连接、信息与通信技术资源共享、快速响应、按需服务以及弹性服务动态扩展等优势将得到更加充分的发挥。得益于其对资源利用的规模效应和更高的使用效率，技术的单位成本得以最小化。这确保了在基础设施层面实现最优的业务弹性、系统稳定性、容灾安全性和运维成本控制。

云计算的背后则是更多的数据中心建设。元宇宙通过将需要计算的程序上传到云端，依托强大的数据处理能力，最后再传输回来给用户端。更加强大的数据中心则意味着更强大的处理能力，这将会大幅提升元宇宙的质感及流畅度。

边缘计算采用“云—边—端”架构，核心逻辑是中心资源下沉。边缘计算从上至下可分为中心云、边缘网络和终端设备三级，其中，中心云由集中式的数据中心和核心网构成，提供最密集的 IT 资源，同时是整个计算网络的总协调中心；边缘网络是指从中心云到终端设备这一路径上的所有 IT 资源，包括计算资源、存储资源和网络资源；终端设备并非孤立运行，而有可能作为边缘计算的一部分被边缘网络调度以提供相应的 IT 资源。

结合边缘计算与云计算，边缘节点专注于处理实时、短周期数据，而中心节点则处理非实时、长周期数据，有效减轻网络带宽和数据中心的压力，并提升服务请求的响应速度。由于边缘节点更靠近用户的终端设备，它们能够加速数据处理和传输，降低延迟。在这种架构中，数据分析和知识生成更靠近数据源头，因此更适合处理大数据。

3.1.2 以云数据共享实现跨平台数据互通

实现跨平台数据互通的云数据共享技术原理，涵盖了数据标准化、统一数据接口以及数据保障三大领域。

1）实现跨平台数据互通的关键在于数据标准化。由于不同平台的数据格式和结构可能存在差异，数据标准化的作用是统一这些差异，使得数据能够互通和共享。

2）实现跨平台数据互通的核心在于数据接口的统一化。借助统一的数据接口，不同平台间能够进行数据交换与共享，进而达成数据互通与共享的目标。

3）实现跨平台数据互通的重要保障在于数据保障。在云数据共享过程中，多个平台与用户间的数据交换与共享，必须实施适当策略以维护数据隐私性。

利用云数据共享实现不同平台间的数据交流，展现了巨大的发展潜力。随着云计算和大数据技术的不断进步，云数据共享正逐渐成为数据共享的主要方式。首先，云数据共享有助于推动数据应用和创新的发展。

云数据共享还能够提升数据治理的效率和标准化水平。通过建立云数据共享平台，可以实现全面的数据管理和治理，促进数据的标准化和合理化。此外，云数据共享有助于推动数据的开放和共享。各个平台能够通过这种方式开放自己的数据资源，与其他平台共享数据，从而促进数据开放和共享的进程。

通过云数据共享实现跨平台的数据交流和共享，是一种新兴的数据交流方式，具有广阔的应用潜力。通过采用数据标准化、统一数据接口和数据保障等技术手段，可以实现不同平台间的数据互通和共享。云数据共享能够加强数据的整合和利用，促进数据资源的流动和共享，推动数据应用和创新的发展。

3.1.3　低延时异步边缘计算技术

异步边缘计算技术的关键是实现即时、延迟小的处理能力，同时借助异步处理和边缘设备增强系统效能和反应速度。通过将计算任务从集中的云服务器迁移到更靠近数据源的设备（如智能手机、物联网设备和边缘服务器），边缘计算技术减小了数据传输的距离，降低了网络延迟。此外，它通过减轻中央服务器的负担来改善资源分配效率，进而提高了计算效能和用户满意度。

实时性和低延时是该技术的关键特性，在在线游戏、虚拟现实等应用中，系统必须以极低的延迟处理用户的请求，确保数据传输和处理过程尽可能迅速，通过优化网络协议、提高数据处理算法的效率以及提升计算资源的响应速度，低延时技术能够显著缩短用户操作与系统反馈的时间差，从而提供流畅的交互体验；异步计算能力是提升系统性能的关键技术，异步计算允许任务在不等待前一个任务完成的情况下并发处理，从而提高处理效率，这种技术不仅加快了数据处理速度，也增强了系统在高负载情况下的处理能力。

在数据源头或物体附近，边缘计算通过一个集成了网络、计算、存储和应用核心功能的开放平台，提供近距离的服务。应用程序在边缘侧启动，实现快速的网络服务响应，满足行业对于实时业务处理、智能化应用以及安全和隐私保护的基本需求。

将云计算视为集中式的大数据处理，边缘计算则可视为边缘式的大数据处理。关键区别在于，数据无须传输至遥远的云端，在边缘侧即可得到处理。边缘计算更适用于实时数据分析和智能化处理，相较于云计算，它更为高效和安全。实际上，边缘计算和云计算都是大数据处理的计算运行方式，边缘计算可以视为云计算的一种补充和优化。云计算负责整体的把握，而边缘计算则专注于局部。如果将云计算比作计算机智能系统的大脑，那么边缘计算就是系统的眼睛、耳朵和手脚。

低延时异步边缘计算技术通过实时数据处理、降低延迟、提升异步计算能力以及优化边缘设备的应用，显著增强了系统性能和用户体验。这些技术不仅推动了计算能力的边缘扩展，也为未来训练元宇宙智能应用的开发提供了新的解决方案和技术支持。

3.1.4　实时数据处理与分析

训练元宇宙离不开强大的计算能力和实时数据处理与分析能力，贯穿数据采集、高速通信和实时分析全过程。

（1）数据采集技术

在训练元宇宙中，数据采集是实时计算的基础环节，其准确性和时效性直接影响后续的分析与决策。为了实现对士兵动作、装备运行状态以及战场环境等多源数据的实时采集，高速传感器发挥着关键作用。

对于士兵动作数据的采集，惯性测量单元（IMU）传感器被广泛应用。IMU 通常包含加速度计、陀螺仪和磁力计，能够精确测量士兵在三维空间中的加速度、角速度和磁场变化。当士兵进行战术动作演练时，佩戴在身体关键部位的 IMU 传感器可以实时捕捉到肢体的运动轨迹和姿态变化。在模拟近身格斗训练中，通过对士兵手臂、腿部的加速度和角速度数据的采集，能够精确还原其攻击和防御动作，为动作分析和训练指导提供准确依据。

在装备运行状态数据采集方面，各类传感器根据装备的不同特性进行针对性部署。以坦克为例，压力传感器用于监测发动机机油压力，温度传感器用于测量发动机冷却液温度和变速箱油温，振动传感器则可检测发动机和传动系统的运行振动情况。这些传感器将实时采集到的数据通过有线或无线方式传输至数据采集终端，确保对装备运行状态的全方位监控。一旦发动机机油压力异常降低，系统能够立即发出警报，提醒操作人员进行检查和维护，避免因装备故障影响训练进程。

战场环境数据的采集更为复杂，需要综合运用多种传感器。气象传感器用于采集气温、湿度、风速、风向等气象信息，这些数据对于模拟不同气候条件下的作战训练至关重要。在山地作战训练中，高海拔地区的低温、强风等气象条件会对士兵的体能和装备性能产生显著影响，通过实时采集气象数据，训练元宇宙能够更真实地模拟战场环境，提升训练的实战性。地理信息传感器则借助卫星定位系统（GPS）和地理信息系统（GIS）技术，实时获取战场的地理位置、地形地貌等信息。利用激光雷达技术可以快速生成高精度的三维地形模型，为作战行动的规划和模拟提供准确的地理信息支持。

（2）高速通信技术

元宇宙对数据传输的大小、速率和稳定性提出了极高的要求，这体现在其对数据传输容量的高需求上。元宇宙需要一张泛在的、超宽带、低延时的网络，5G/6G 网络建设是数字经济发展的基础底座，也是元宇宙构成互联互通虚拟世界的基础底座。为了确保采集到的数据能够快速准确地传输至计算中心，高效通信技术不可或缺。

在训练元宇宙中，通常采用 5G/6G 通信技术作为主要的数据传输手段。作为新一代的宽带移动通信技术，5G/6G 拥有高速率、低延迟和大连接等特性，是构建人机交互和物联网的关键网络基础设施。5G/6G 的高速且稳定的网络环境，能够满足大规模数据实时传输的需求，能够为虚拟现实和增强现实等现有应用提供强有力的支持。在多兵种联合训练中，大量的士兵动作数据、装备状态数据以及战场环境数据需要同时传输，5G/6G 网络能够确保这些数据在短时间内准确无误地到达计算中心，为实时数据分析提供有力保障。

物联网（IoT）作为互联网的扩展，连接了无数行业和万物。它通过将各类信息感知装置与网络融合，构成了一个庞大的网络体系。这一体系使得人、机、物无论何时何地都能相互连接。作为构建元宇宙的关键技术，物联网技术是连接现实世界与虚拟元宇宙的桥梁，对于增强元宇宙的沉浸式体验至关重要。随着产业物联网的快速发展，全球物联网的连接数量正不断攀升。

在一些特殊的训练场景中，如地下掩体或电磁干扰较强的区域，5G/6G 通信可能会受到限制。此时需要结合其他通信技术，如有线通信和卫星通信，构建多元化的通信网络。

有线通信具有稳定性高、抗干扰能力强的优点，在地下掩体等环境中可以作为主要的通信方式。卫星通信则不受地理环境限制，能够实现全球范围内的数据传输，在偏远地区或海上训练中发挥着重要作用。通过将多种通信技术有机结合，确保在各种复杂环境下数据传输的稳定性和可靠性。

（3）实时分析算法

在获取海量的实时数据后，快速有效地从中提取有价值的信息，成为实时计算的关键任务。流数据处理算法和实时机器学习算法在这一过程中发挥着核心作用。

流数据处理算法专门用于处理连续不断的实时数据流，其特点是能够在数据到达时立即进行处理，而无须等待数据全部收集完毕。在训练元宇宙中，分布式流计算模型能够对大规模的流数据进行高效的实时处理。当士兵在虚拟战场上进行射击训练时，射击数据以流的形式不断产生，实时接收这些数据，并对射击的命中率、射击间隔时间、射击精度分布等指标进行实时计算和分析。通过对这些数据的实时分析，训练系统能够及时发现士兵在射击过程中存在的问题，如射击节奏不稳定、瞄准精度不足等，并为士兵提供实时的反馈和指导，帮助其改进射击技能。

实时机器学习算法则是在流数据处理的基础上，通过对实时数据的学习和分析，实现对训练过程的智能监控和预测。以深度学习算法中的循环神经网络（RNN）及其变体长短期记忆网络（LSTM）为例，它们在处理时间序列数据方面具有独特的优势，非常适合用于分析士兵动作的时间序列数据。在模拟特种作战训练中，士兵的一系列动作构成了一个时间序列，LSTM 可以对这些动作数据进行学习和分析，识别出士兵的作战模式和行为特征。通过对大量训练数据的学习，LSTM 模型可以预测士兵在特定作战场景下可能采取的行动，以及行动的效果和风险。如果模型预测到士兵在执行某项任务时可能会出现失误，训练系统可以发出预警，并提供相应的应对策略建议，帮助士兵避免错误，提高训练效果。

在实际应用中，实时分析算法必须与具体领域知识相结合，以提高分析结果的准确性和实用性。在分析装备运行状态数据时，结合装备的工作原理和故障模式知识，可以更准确地判断装备是否处于正常运行状态，以及可能出现的故障类型和原因。通过将实时分析算法与专家系统相结合，能够实现对装备故障的快速诊断和预测性维护，提高装备的可靠性和可用性，降低训练成本和风险。

3.2　战场环境仿真云渲染

对于大型的元宇宙应用中海量终端、海量场景而言，要做到高效、逼真的实时绘制，这给实时三维图形绘制技术研究带来巨大的挑战。同时图形渲染技术在光照处理、大气水体、地形渲染、纹理材质、遮挡剔除、场景简化与多分辨率绘制、场景图和数据优化组织、GPU 计算和并行绘制以及真实感增强等方面面临大量的处理、研发工作和挑战，是计算机图形学永恒的研究课题之一。仿真渲染流程示意如图 3-1 所示。

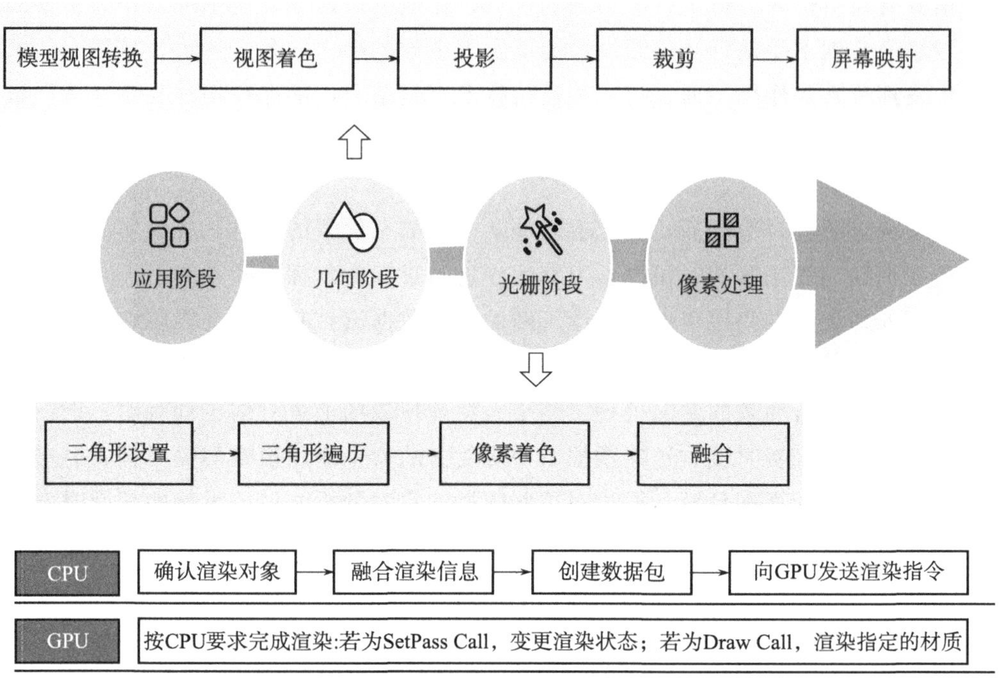

图 3－1　仿真渲染流程示意图

端云图形渲染系统的研究内容，首先，研究绘制流水线的虚拟化计算模型与虚拟化技术，构建可在云-端异构分布的流水线计算模块，从而能够允许绘制流水线计算在云和端上的灵活部署；其次，基于虚拟化的绘制流水线计算模型，研究大规模复杂场景数据的云-端管理技术并提供数据云服务，开展动静态对象的多分辨率表示、在线数据管理与调度等方法面向大规模场景绘制的数据云服务研究；再次，针对虚拟化的绘制流水线计算模型，研究新的实时绘制算法与传统实时绘制算法在虚拟化流水线上的定制与实现，从而提供面向绘制的计算云服务；最后，基于云-端结合的绘制引擎，开展一系列的应用示范，解决绘制引擎的具体工程化问题。

3.2.1　面向云计算的绘制流水线虚拟化技术

重点研究绘制流水线虚拟化计算模型与计算架构，实现虚拟绘制流水线的部署。

首先，针对当前仅面向单机计算的绘制流水线开展研究，将当前绘制流水线的不同计算阶段（如顶点计算、像素计算等）、绘制算法所需的不同绘制批次（如几何缓存生成批次、后处理效果批次）进行封装与抽象，实现绘制所需计算的模块化与虚拟化。

其次，针对云-端异构计算环境，对云-端具有不同计算性能的计算单元（端 CPU、端 GPU、云 CPU、云 GPU 等计算单元）设计硬件调用接口，构建标准化的虚拟硬件模块。

再次，研究绘制流水线在云-端异构计算环境下的数据传输，绘制数据、绘制命令的压缩传输格式与模块，实现对绘制过程在云-端之间的动态分配的支持。

最后，研究绘制任务在虚拟化的绘制流水线上的动态调度与分配方法，通过结合云-

端软硬件性能、网络传输带宽，实现绘制任务在云-端的自动优化计算与部署，并能够达到实时的绘制速度。

3.2.2　面向虚拟化流水线的大规模场景管理调度与数据云服务

首先，构建静态、动态物体统一着色多分辨率表示为基础的面向绘制的表示模型。通过建立几何、纹理、表观材质、着色计算等融合多种数据类型的统一的分类体系、抽象方法、表达模型和描述模型，实现对静态、动态物体多分辨率统一表示的面向绘制的建模，为云-端结合的绘制引擎架构提供数据结构基础。

其次，根据云环境下数据使用的多用户模式，研究海量场景模型数据的组织管理、预测调度、缓存机制和数据服务，实现场景数据的统一管理和服务分发；针对客户端场景特性和所调度的模型数据，研究云-端计算模式下模型数据的优化表示和组装，实时优化和组装绘制要素数据并进行服务分发，实现多用户请求的实时高效响应。

3.2.3　基于虚拟化绘制流水线的云-端实时绘制算法云服务

首先，构建基于虚拟化的流水线，设计出云-端实时绘制算法服务架构以及自适应任务分配调度和效果组合的管理框架。具体而言，计划通过分析视点相关绘制对象的发展趋势和运动，对绘制算法进行分类。根据算法生成真实感效果与端应用的相关性，将其划分为视点低相关计算、视点高相关计算和视点无关计算等不同类型的算法服务。这些服务根据与端应用的耦合程度和计算复杂度，可以有针对性地部署在云端或端侧，以实现对云-端计算资源的高效利用和按需配置。

其次，针对绘制场景几何、纹理、材质属性多元，自然环境光场条件复杂、真实感不足等挑战，通过创新研发与对传统绘制方法的定制，研究面向虚拟化的绘制流水线的多种特效绘制算法。例如，全局光照、基于物理过程绘制、体绘制、粒子系统计算、基于屏幕空间的后处理绘制、自然环境（天空、地形、天气、水、植被、洋流等）绘制等实时绘制方法，实现自适应于网络、端物理设备等现实条件下复杂场景的云-端结合的高真实感的实时绘制效果。

3.3　存算一体按需供显场景合成

训练元宇宙环境中，多空间域、多层次、多维度、多时态的时空数据，给大规模、精细化、动态视觉场景生成带来很大挑战。现有合成渲染技术由于动态场景支持不足，场景切换效率不高，场景搭建比较缓慢等问题而无法满足元宇宙背景下的跨域场景合成和应用支撑需求。

为此，需要研究采用存算一体架构来降低数据处理和访问延时，采用按需供显方法来提升场景合成和切换效率的总体技术路线，聚焦攻研存算一体按需供显元宇宙跨域场景合成系列技术：设计建立基于分布式剖分网格单元的跨域场景数据分布式存算一体组织模型，实现跨域场景数据的优化组织和快速访问；研究跨域场景存算一体并行空间分析技术，实现元宇宙交互环境下的快速动态空间分析处理，为仿真训练提供元宇宙环境下的空间分析专题信息保障；研究跨域场景快速查询检索技术，实现基于多视角模式的场景快速切换；研究跨域场景按需供显技术，实现跨域场景的多维视图快速展现。

总体上，将实现训练元宇宙跨域场景保障支撑的战场时空共享服务数据要素规模和访问效率大幅提升，实现对现有跨域场景系统体系结构基础性创新。主要研究内容之间的关系如图 3 - 2 所示。

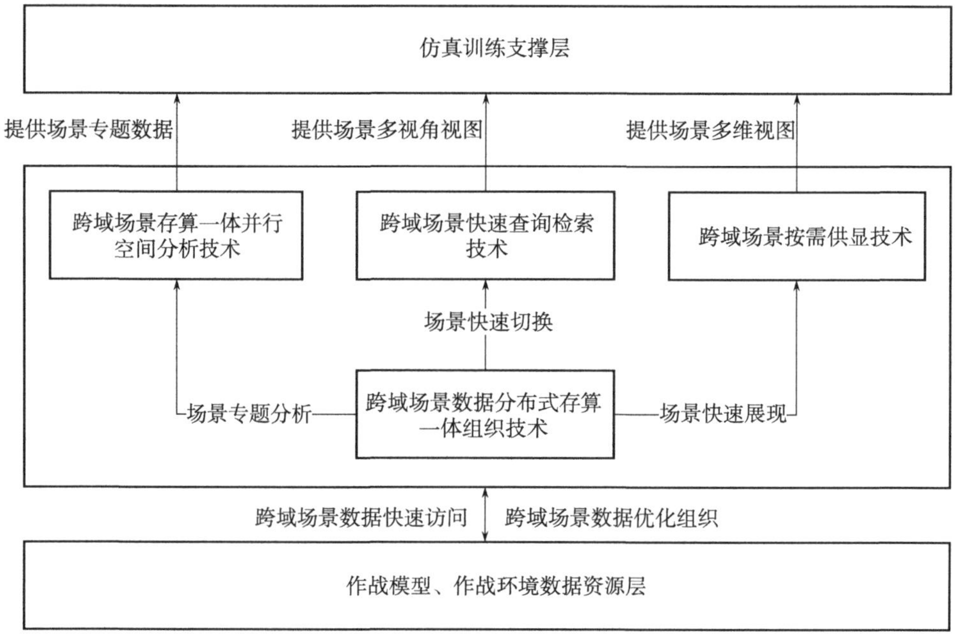

图 3 - 2　存算一体按需供显元宇宙跨域场景合成

3.3.1　跨域场景数据分布式存算一体组织

训练元宇宙中的场景数据主要在环境数据基础上叠加一系列时空分析专题结果，经过关联合成处理而成。跨域场景数据具有多来源、多层级、大规模等特点，在应用上需要支持元宇宙交互的实时性需求，为此，需要对训练元宇宙跨域场景数据进行有效组织，以提高后续的数据访问、数据检索、数据分析、数据呈现的效率。

组织模型分为两个层面：一是系统架构的组织模型，二是场景数据的组织模型。在系统架构上，对训练元宇宙时空进行基于马赛克网格的递归层次剖分，以每个剖分单元作为系统单元，并实现存算一体结构，支撑对应网格剖分单元内所有跨域场景数据服务、分析处理服务等功能。为此，需要研究训练元宇宙时空剖分组织动态控制方法、基于分布式剖分组织的存算耦合方法、基于存算一体剖分单元的数据访问和处理分析计算代价模型，以及整体性能优化模型和调优方法等，实现数据访问和处理分析计算在规模可控的存算一体分布式剖分单元间协同并行执行，大幅降低整体复杂度。

在组织场景数据时，可利用全时空对象模型来整合不同来源和层次的跨域场景数据。通过将现实世界中的个体、群体、网络等时空实体的几何、语义、属性等特征，以多尺度、多层级和多时态的方式映射到虚拟空间，构建了一个基于全时空对象模型的元宇宙场景事物描述框架。研究时空对象在场景事物空间中不同粒度下的语义、尺度、维度、时态和属性的特点与抽象模式；建立时空对象在场景事物空间中的多维分类体系；研究元宇宙场景事物空间中时空对象的形式化定义和解析式表达，构建符合元宇宙系统中空间认知的全时空对象的抽象表达方法。

3.3.2　存算一体跨域场景并行空间分析

面向训练元宇宙场景描述中基于空间分析的专题场景数据快速计算生成的需求，针对目前单一的存储模式和多元存储需求无法满足元宇宙环境快速数据处理和可视化分析的实时性和高效性问题，研究其中基于存算一体基础架构的跨域场景并行空间分析模型与计算方法，实现训练元宇宙中跨域场景环境下的交互式空间分析和专题数据生成。

为此，需要研究存算一体跨域场景下空间分析并行计算框架、大场景下多维空间量算与并行计算方法、元宇宙空间下地形（场模型）迭代分析与并行计算方法、基于多属性约束的网络模型分析与并行计算方法、针对分布式空间分析的数据划分与近似切分方法、基于分布式近存-存内计算框架的元宇宙空间填充曲线排列码划分、针对空间分析弹性执行的训练元宇宙剖分网格累进任务分解方法等技术，设计实现训练元宇宙跨域场景并行空间分析工具。

3.3.3　跨域场景快速查询检索

为实现训练元宇宙中跨域场景的按需供显，根据显示展现要求的跨域场景数据快速查询和检索十分关键。跨域场景快速查询检索，就是要根据场景展现的多种约束条件，快速定位、过滤和划分出与该场景关联的各种跨域数据，以支撑后续的场景展现和交互功能。由于元宇宙数据量巨大、数据结构多样复杂的特点，实现快速查询检索是一个新的挑战。为此，需要从场景空间索引构建和查询优化两个大层面展开研究。

针对元宇宙空间索引的研究，需探讨高效查询处理的分布式多级空间索引技术、高并发跨域场景下的查询处理与即时分析、多元关联查询以及数据分布策略。在分布式节点划分空间数据时，应综合考虑索引聚集、数据偏斜、关联约束等因素，重点研究数据划分粒度、数据块映射方法，以及考虑空间相邻性的索引节点组织方法。为了应对高并发元宇宙场景下的数据检索和访问，需研究场景数据块的分布式索引快速分发与汇聚技术，有效解决单一服务节点处理大量客户端请求的瓶颈问题。

在元宇宙场景中，针对真三维空间多尺度表达问题，需研究基于细节层次模型的查询处理方法，利用索引模型的树状层次特性实现多细节层次集成。研究基于树形优化因子和三维空间聚簇方法构建合理树形索引结构的技术，实现三维空间目标的空间邻近性和存储邻近性的统一。扩展索引模型，使中间节点层集成不同细节层次模型数据，并开发基于树状索引结构的多细节层次模型自适应调度技术。

在查询优化方面，需要研究支持多任务的元宇宙多模式空间查询并行处理优化框架、元宇宙空间信息多模式查询引擎多任务方式执行方法、跨域场景空间数据预取策略与技术、面向跨域场景快速查询的分布式内存缓存机制、元宇宙多模式时空查询处理框架、分布式近存-存内计算架构下的渐进式空间查询与优化方法等。根据空间查询的具体细节要求，在满足查询结果应用精度的基础上，自适应的快速返回精确结果的近似值。从效果上说，是牺牲可容忍的有限精度，来换取满足应用要求的查询速度。

目前，还未有统一的底层结构来同时支撑弹性空间查询处理。针对这一问题，可基于Geohash方法的Geo-gap tree索引结构，针对性地基于基础抽样方法研究支撑弹性查询的空间数据抽样；基于元宇宙跨域场景数据的多尺度描述实现对尺度相关弹性查询处理；对Geo-gap tree的特点设计提出针对分布式弹性空间查询服务的技术方案等，实现对训练元宇宙下跨域海量场景数据集采样、估计和快速处理。

3.3.4 跨域场景按需供显

在传统的虚拟仿真系统分析方法中，通常会将空间数据中的每一个要素视为独立的计算单元，这样的处理流程涵盖了对空间数据的查询、分析以及可视化三个主要步骤。然而，这种做法存在一个显著的问题，那就是随着空间数据要素数量的增加，进行可视化分析所需的计算量也会急剧上升。这种计算量的激增导致即便是在采用了并行计算技术的情况下，也很难实现对大规模空间数据，尤其是矢量空间数据的实时可视化分析。可见，传统的分析方法在处理复杂的空间数据时，往往效率低下，难以满足现代应用对于实时性的高要求，这在地理信息展示、战场规划、态势监测等环节尤为突出。

针对这一问题，可采用基于马赛克结构的空间层次化剖分模型，并在此基础上，进一步提出了将视口划分和空间剖分耦合模型相结合的虚拟仿真系统在线可视化技术的新思路。该模型的核心在于将空间数据的存储、空间分析运算操作以及分析结果的可视化运算操作进行深度融合。通过这种方式，研究的重点被转移到了实现面向大规模空间数据的高性能可视化分析的关键算子上。该技术思路通过直接将屏幕视口显示的像素区域作为计算单元，利用查询技术找出能够确定像素显示值的空间对象，从而能够快速生成可视化分析的屏幕显示效果。这种方法有望显著减小可视化分析的计算复杂度，从而提高大规模空间数据实时可视化分析的效率和可行性。通过这种创新的方法，有望能够突破传统技术的局限，为用户提供更加流畅和直观的虚拟仿真体验。

3.4 云边协同高性能元宇宙引擎

训练元宇宙，具有“实体规模大、模型精度高、消息通信频繁、因果有序协同、跨域虚实共生”等特点，因此对元宇宙引擎提出了很高的要求，需要基于并行仿真方法充分利用云计算资源提供高效的元宇宙服务。然而，用户与云中心之间较大的物理距离会显著增加访问时延，降低用户体验感与沉浸感，从而影响总体进程和效果。

为此，需要开展云边协同高性能元宇宙引擎技术研究，突破虚拟世界异步并行时间管理、高通量动态并行数据过滤、云边协同动态异构任务调度、跨域互联数据分发中间件等技术，综合利用云计算和边缘计算资源和优势，支撑训练元宇宙高效推演，实现数字化身与虚拟世界的无缝连接和沉浸互动。

云边协同元宇宙引擎总体架构如图 3-3 所示，包括元宇宙资源监控与调度框架、高性能元宇宙服务引擎、跨域互联数据分发中间件、时统部件等。

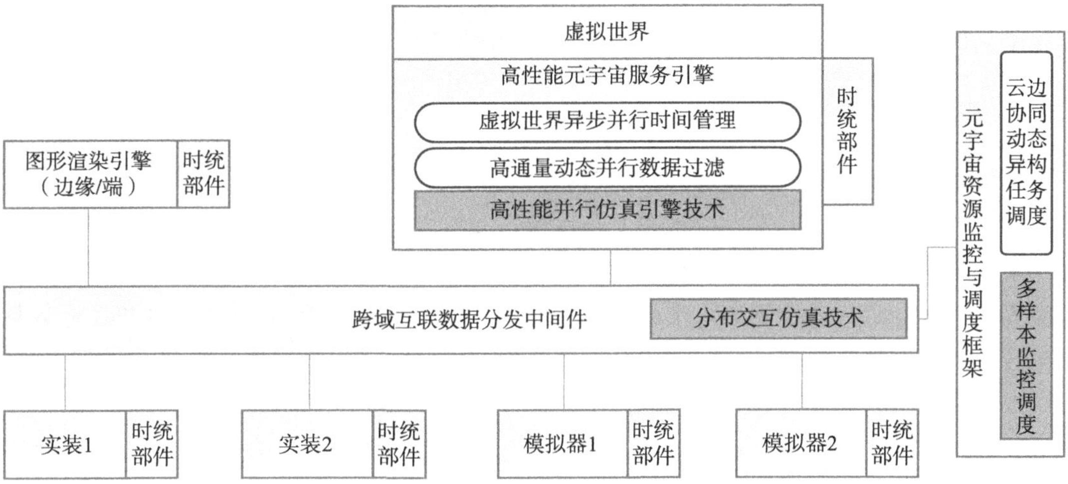

图 3-3　云边协同元宇宙引擎总体架构

其中，高性能元宇宙服务引擎部署在云计算中心支撑虚拟世界推演。由于涉及大规模实体状态演化，以及实体之间、实体与环境之间的数据交互，需要突破虚拟世界异步并行时间管理、高通量动态并行数据过滤等技术，充分利用云计算资源实现虚拟世界高效推演，以保障用户获得较好的体验感；跨域互联数据分发中间件负责将虚拟世界与多地域分布的图形渲染引擎、实装、模拟器等进行互联互通互操作，并结合时统部件确保这些异地成员的时钟同步；元宇宙资源监控与调度框架负责对云计算资源、边缘计算资源进行统一的监控，需要突破云边协同动态异构任务调度技术，根据不同任务的服务需求进行资源的分配和调整，保证训练元宇宙可靠和高效的运行。

3.4.1　虚拟世界异步并行时间管理

训练元宇宙中，利用云计算资源驱动大量作战实体模型进行并行计算，可有效提升虚拟世界推演效率，保障军事训练的用户体验。由于不同实体推进速率不一致，可能导致时空不一致问题（即同一时刻不同实体观察的世界状态不同），需要建立时间管理机制来协调虚拟实体的并行推进。由于虚拟实体之间的交互动态变化，无法构建静态依赖关联。因此当前研究往往采用不依赖连接的同步并行时间管理机制来控制虚拟世界运转。然而，受限于全局最小前瞻值，该机制需要频繁地进行全局同步，导致并行性不足、运行耗时，难以支撑大规模虚拟世界的实时推演。

为此，需要研究虚拟世界异步并行时间管理机制。首先，从不同主题的实体交互关系图中提取时序依赖关系；然后，基于密度峰值聚类方法将虚拟实体划分到若干个分组。由于分组内部的虚拟实体依赖关系较强，宜作为整体统一调度。而组间独立性较高，可并发推进提高效率。在虚拟世界运行过程中，将所有处于“等待”状态的分组作为初始节点，阻碍这些节点“就绪”的分组作为其父节点加入图中。按此逻辑不断迭代，可以构建一个有向无环图。通过不断地将位于关键路径中的“就绪”分组调度到空闲的计算单元上推进，可不断触发新的分组变为“就绪”状态。由于每个分组推进仅仅受限于部分分组，不存在全局同步等待，可有效提升虚拟世界推演效率。

3.4.2 高通量动态并行数据过滤

训练元宇宙中，基于发布/订阅模式构建虚拟实体之间交互关系，可有效地实现各类实体的动态柔性集成。但是，由于在发布者和订阅者之间建立了全连接关系，会产生大量的冗余数据通信和管理开销，将严重地影响推演性能。事实上，每个虚拟实体仅对整个虚拟世界的一部分感兴趣。例如，士兵的数字化身只需要接收在其视距范围内的目标数据，如果传递那些在视距范围外的数据就是性能浪费。因此，若能将信息传递给真正需要的实体（或计算节点），既可以降低网络通信压力，又可以减少计算和管理开销。目前，主要依靠兴趣匹配来进行数据过滤。然而，在训练元宇宙中，虚拟实体规模大且兴趣区域更新频繁，导致数据过滤的开销很大，容易成为系统性能瓶颈。

为此，需要研究高通量动态并行数据过滤技术，既能够支撑高效的兴趣区域并行匹配，又能够针对兴趣区间的部分变化进行增量式调整，显著提升数据过滤效率。算法首先对兴趣匹配任务空间进行“树形”划分，构成任务并行的基础；每当兴趣区域变化时，根据区域大小和位置，将兴趣区域映射到合适的树节点。在区域匹配时，可利用同层节点的序关系和父子节点的包含关系消除不必要的计算，从而实现高效的数据过滤，保障虚拟世界高效推演。

3.4.3 云边协同动态异构任务调度

在异地分布的训练元宇宙中，包含大量的真实的和虚拟的成员，不同的成员具有不同的任务特征及资源需求，不仅需要准确描述优化目标和各类约束，还需要能够在可接受的时间范围内满足异构资源的调配需求。而且，各个成员的资源需求在运行过程中也会动态变化。同时，边缘计算环境、网络拓扑的动态性以及云计算和边缘计算资源共享的模式也进一步增加了问题的不确定性。

为此，需要在明确计算任务的需求之后，结合资源管理器所提供的计算资源当前的状态信息，对可用资源集进行筛选，实现准入控制。例如，若指定用户响应的最大时延不能大于 100 ms，则需要首先计算该成员到各个云计算中心和边缘节点的网络传输时延，然后将满足需求的节点加入可用资源集。基于任务需求和相应可用资源集，以及资源管理器提供的当前资源状态和任务部署情况，对通信成本、调度时延、资源利用率等多个目标进行优化，生成任务调度决策。接着，任务调度器则将相关决策发送给资源管理器，进行资源分配与任务部署。

任务在运行过程中，还需要进行动态负载均衡以保证元宇宙虚拟世界的高效推演。首先，需要根据资源管理器提供的监控信息和负载采集过程制定的负载采集策略收集各个任务和主机的计算负载。基于采集到的负载信息和预定义的策略，动态触发式执行负载均衡算法，生成调度决策发送给资源管理器，进行实际的任务迁移。

3.4.4　跨域互联数据分发中间件

训练元宇宙是多地域异构广域互联结构，涉及实装、模拟器、数字模型之间的数据协同。实装、模拟器、数字模型往往采用不同的数据格式和网络协议，不同机构的互联互通互操作也存在不同的需求。然而，当前的通信中间件主要针对数字模型，难以满足虚实结合的互联要求。因此，研究跨域互联通信中间件，制定人员、实装、模拟器、数字模型等各要素之间的接口规范与通信协议，提供实体间互操作接口，提供以数据为中心订阅发布的通信结构，实现实体状态信息订阅与分析、事件收发、事件与结果记录等功能，为人在回路、硬件在环、数字推演的训练元宇宙系统各要素之间实时的互联互通互操作提供支撑。

跨域互联通信中间件提供分布式的交互运行环境，根据具体的任务将分布在各个域中的虚拟对抗试验、高性能计算和分布式设备集成起来，支持各设备相互连接和互相操作，相互之间进行高效的信息协同。虚拟兵力、实兵、实装、模拟器等在内的各种类型异构虚拟对抗基于中间件系统交互，为上层指挥和开发单位提供可组合可重用的功能过程。

跨域互联通信中间件由分布式消息通信层、消息序列化、消息服务管理端、消息服务端、I/O 线程过程等过程构成。其中，消息序列化过程实现高效的、可伸缩的、自动化的结构化消息序列化机制，为上层应用提供标准的消息传输格式；消息服务管理端过程主要提供节点管理、消息服务路由、分布式状态同步等方面的功能。通过节点管理和状态同步管理，保证分布式消息服务的一致性，实现分布式协同工作；消息服务端过程是分布式消息服务的主要提供者，其性能直接决定着分布式消息服务的好坏。它需要面对多种多样的消息客户端，处理大规模并发的客户端业务请求，并对它们提供高效、统一、实时的消息服务。I/O 线程过程是工作线程与外部应用程序进行交互的中介，采用基于事件触发的 I/O 多路复用服务器网络编程模型。

3.5　面向元宇宙的基础软件优化

与计算机操作系统主要工作在信息域不同，训练元宇宙操作系统将工作在数据中心、边缘中心、智能终端、无人终端及各种物联网终端硬件之上，对于改变作战行为和战场形势等的能力要强得多。将面向军事领域元宇宙系统的硬件特征和应用场景特点，根据元宇宙当前发展趋势和军事训练、仿真、作战等业务信息系统应用现状和实际能力，面向元宇宙应用场景开展操作系统基础软件针对性优化相关研究。

在研究过程中，先从现有操作系统出发，在云计算中心操作系统优化技术、面向智能协同计算的操作系统支撑技术、身份互信和安全认证优化技术等方面进行改进和调优，并实现相应的定制化功能，解决部分关键技术突破。主要研究内容之间的关系如图 3－4 所示。

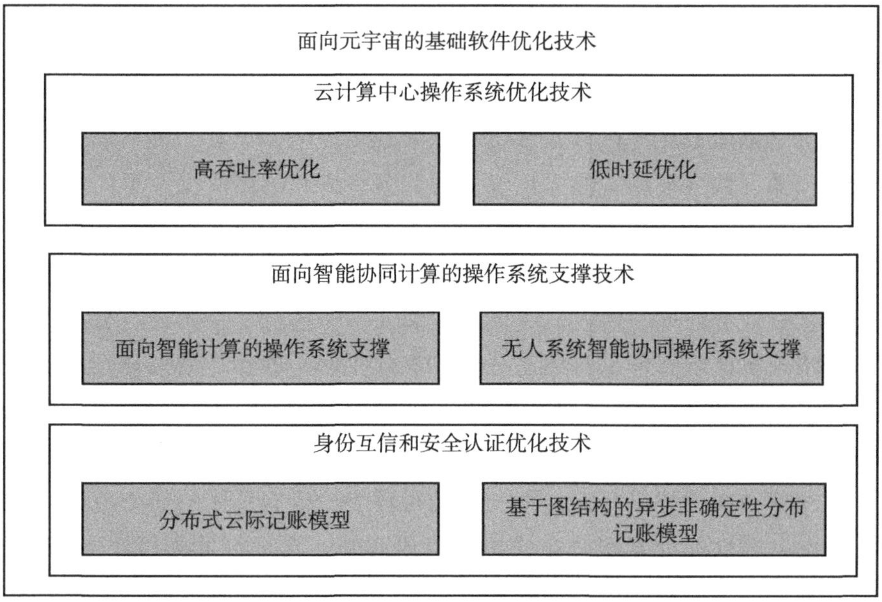

图 3－4　面向元宇宙的基础软件优化

3.5.1　云计算中心操作系统优化

未来战争中，基于元宇宙虚实一体的新型武器装备体系日渐成为无人装备、单兵、车载、船载、机载、基础设施、基站等大量节点构成的动态变化的复杂网络系统，系统对处于关键地位的元宇宙云计算中心的规模、时延和效率提出了新的更高要求，针对操作系统进行高吞吐率、低延时的优化十分有必要。

对传统操作系统在训练元宇宙中人工智能应用场景下的性能进行全面的评测，分析其在吞吐量和时延两方面的表现，量化人工智能应用在吞吐量和时延两方面的具体需求，构建低时延硬件抽象，使其低时延特性能够得到充分利用，在硬件抽象的基础上结合应用的具体需求，对计算模式进行优化，形成从迁移计算到原位计算的新范式，避免不可控的系统调度开销，进一步降低应用的时延，最后在低时延硬件抽象和原位计算范式的基础上，打破传统操作系统中的分层架构模式，采取垂直整合的方式，简化层次化的软栈，满足训练元宇宙应用对高吞吐和低时延的需求。

3.5.2 面向智能协同计算的操作系统支撑

智能感知、智能指挥、智能化军用平台是未来新型作战模式下决定战争胜负的重要力量，智能信息处理及军事决策成为新一代指挥控制、态势感知、情报处理等军事领域应用的重要需求。智能信息处理及军事决策重点关注如何在对抗条件下、不可预测的战场环境中，从海量不同类型多源数据中自主获取并处理信息、提取关键特征、挖掘关联关系，并采用深度学习等智能算法，为提高复杂环境主动感知、态势目标自主认知、辅助战场决策等提供透明、实时、准确的支持。

因此，需要开展面向智能计算的操作系统支撑技术，针对特定处理器体系结构的机器学习优化模型，包括面向体系结构的卷积矩阵重构、卷积过程中数据的重用等技术，以及如何使用计算转换减少乘法数量，如何通过降低操作和操作数的精度、减少操作次数和模型大小、使用压缩、修剪等技术进行性能优化；针对特定处理器体系结构的中间描述层，设计并实现深度学习的计算接口，使用计算图模型描述计算规则，定义运算方式，向下根据体系结构，生成面向特定处理器平台的代码，向上支持各类深度学习框架。

训练元宇宙建立离不开各类无人装备和智能检测设备。无人装备之间、装备与参训人员之间，均需要进行信息沟通、共享与分工协作。因此，需要开展无人系统智能协同操作研究，在充分学习和吸收无人智能技术最新进展的基础上，通过研究围绕智能行为模型、自主观察与感知、自主规划与决策、自主行动与协同等一系列科学问题，突破分布协同体系架构、异构资源一致抽象与管理、基于双环的智能行为管理、多边系统的任务管理、情境感知的数据管理等研究内容，研制通用的无人装备及智能协同组件，实现人机、机机间的智能协同作战能力。

3.5.3 身份互信和安全认证优化

依托区块链技术，依据统一的信息交换标准和协议，实现多位指挥员远程协作决策信息的调用和共享。在资源分配过程中，借助区块链技术确保敏感资源的安全和传输范围，以满足资源安全获取和传输的需求。为参训人员提供唯一身份标识，对区块链账户进行管理，实现身份认证、访问控制、授权管理等基础服务，降低恶意软件攻击风险，并在此基础上开展模拟训练，解决未来训练元宇宙身份互信和安全认证问题。

身份互信和安全认证优化技术研究将从分布式云际记账模型入手，重点探索云际分布式记账的软件定义的基础设施模型，以此为基础进行基于图结构的异步非确定性分布记账模型研究，从异步非确定场景下的分布记账模型框架和分布记账运行逻辑两方面展开研究。针对基于图结构的异步非确定性分布记账模型，主要研究两方面内容，一方面是研究基于图结构的异步非确定性模型框架，主要是研究哈希图结构的算法原理；另一方面是研究云际图式分布式记账的运行逻辑，主要研究的是在记账过程中，信息在节点中传递的运行逻辑。

第 4 章　虚拟战场环境构造

虚拟战场环境数据为训练元宇宙提供高保真的战场环境数据保障，是进行作战仿真训练数据的基础，包括地形地貌、交通路网、自然/人工地物、水文环境、气象环境、电磁环境、情报环境和社会环境等。

对于训练元宇宙系统，接入的数据包含大量的图像数据，如卫星图像、无人机航拍和街景图片等。而在具体仿真软件实现环境构建时，地形、地貌、交通网络等离不开场景与3D模型的生成。故而，亟须一种通过图像快速生成高保真的场景和3D模型的技术，可借助大语言模型来实现。

本章将从基于生成式AI的战场环境生成方法、视觉大模型驱动的战场要素三维模型生成、精细跨圈层战场环境信息构建、虚拟战场可信度量化评估等方面，深入探讨虚拟战场环境构造的各个关键技术点。

4.1　基于生成式 AI 的战场环境生成方法

4.1.1　总体研究思路

在创建传统虚拟游戏世界时，程序化内容生成（Procedural Content Generation，PCG）技术是游戏开发者们的首选，它能够自动生成地图、任务和角色等元素。这种技术在游戏开发行业中得到了广泛应用，极大地促进了大规模游戏内容的创造。

程序化城市创建器（Procedural City Creator，PCC）是一个高级PCG工具，它运用复杂的算法和模型，高效地构建自然和战场环境场景，创造出真实比例的城市。PCC具备以下核心功能：用户可以交互式地设计元素；支持多种道路和建筑结构，如高速公路、桥梁、隧道等；允许使用自定义资产，如建筑网格和纹理；以及模块化生成，各功能模块能够独立运行。

利用PCC构建战场环境的过程涉及多个关键步骤：首先，进行设置和初始配置，包括导入所需资源和创建PCC主机计划，为后续生成工作打下基础。然后，构建道路网络的阶段，用户需选择道路类型，绘制道路样条线，并根据战场布局需求分割道路区域。接下来是生成区域网格和建筑物的环节，包括创建初始网格、设定建筑参数，并添加建筑网格以构建战场环境的基础框架和结构。最后，可以进一步添加河流、沟渠、坡坎和其他自然元素，通过绘制河流样条线并设置相关属性，为战场环境增添自然景观和生态环境。

参照传统方案，考虑使用生成式AI替代用户手动操作自动生成仿真系统中PCG所需的参数信息，从而快速生成三维场景，思路如图 4－1 所示。

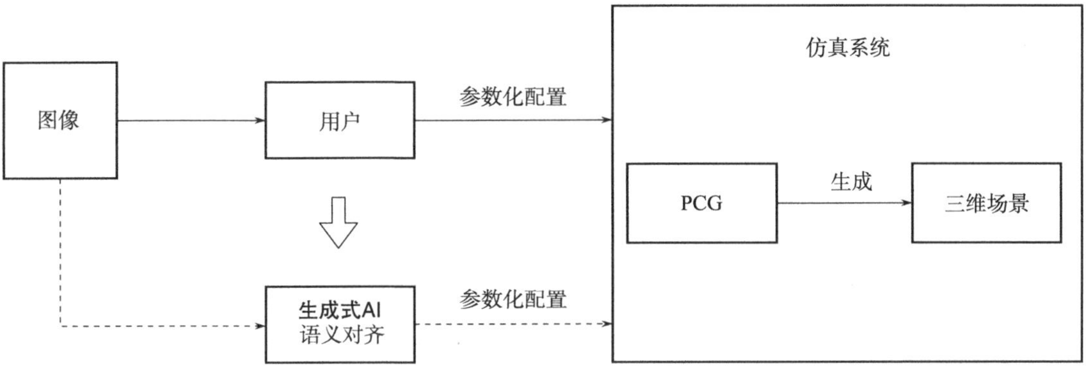

图 4－1　生成式 AI 自动构造三维场景思路

生成式 AI 在图片和三维模型之间建立一个参数化的中间层，架设起从图像到参数化三维模型的桥梁。采用该技术方案既可以实现蕴含内在结构的三维建模，又可以实现三维模型的可编辑可修改，还可以为未来的三维模型增量式迭代优化打下基础。

基于这个思路，首先是模型训练流程。参数化建模程序可以根据参数生成期望的三维模型，并且能通过设置不同的参数生成不同的三维模型，从而可以生成海量不同物理大小、形态、风格的三维模型，然后再通过在仿真环境中建立虚拟视点，即可获得对应视点的图片或视频，从而可以为深度神经网络构建海量的训练数据，其输入是图片或视频，输出是三维模型的程序化建模参数。

其次是模型生成流程。基于海量数据训练出来的深度神经网络，就可以根据输入的二维图片或视频，生成对应的程序化建模参数，再根据建模参数就可以调用程序化建模程序生成三维模型。其三维模型不但模型细节丰富，而且可以人机协同编辑和修改，具有再编辑能力，有助于支撑所构建的三维模型能准确符合实际场景。

最后是参数估计流程。从真实物理世界中的三维场景出发，通过遥感或无人机/无人车对其拍摄照片或视频，获得二维影像数据，再使用训练好的深度神经网络估计三维场景的模型参数，从而可以有语义、可解释地估计出三维场景的相关参数，如建筑物的高度、宽度、楼层，道路的车道数量等。

4.1.2　几何大模型训练方法

系统需要一个生成式 AI 来识别图像中的物体的几何参数语义。这个神经网络需要用大量的数据预训练出来。在真实世界中没有这样大量的图像-几何参数数据样本，因此可用场景自动化生成技术来自动生成大量的数据作为训练样本。

如图 4－2 所示，系统将一组随机几何参数输入 PCG 系统中，在仿真系统里生成 3D 场景模型。在加入噪声后，用虚拟相机从不同角度对场景拍照。将照片作为问题，几何参数作为答案的问答对输入图像几何大模型系统。如，构造一个提问-回答对。其中提问内容是“这个照片的参数是什么 img. png”同时输入照片文件 img. png。其中的回答内容是“楼房，长 50 米，宽 30 米，高 100 米，30 层，中心距离相机 200 米，与相机的水平夹角 20 度，仰角 25 度”。把这个提问-回答对作为训练数据输入模型训练。

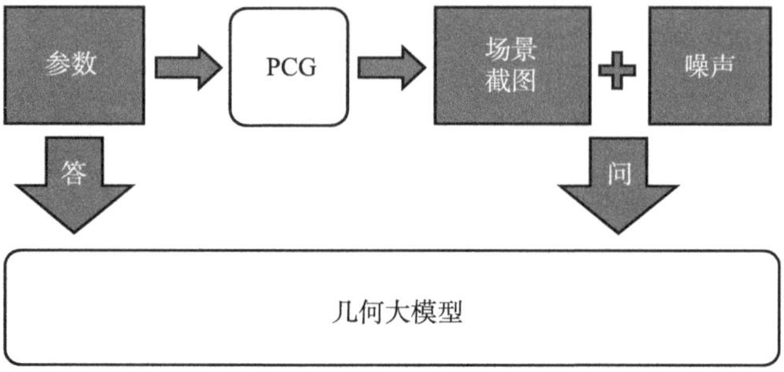

图 4－2　生成式 AI－几何大模型训练方法

在仿真环境中加入噪声以提高 AI 的鲁棒性和适应性。噪声包括光源噪声、环境噪声、相机噪声等。光源噪声是指仿真系统中不同强度、颜色、方向的光源造成渲染差异。环境噪声是指仿真系统中雾、烟等造成渲染差异。相机噪声是指仿真系统中相机的镜头上的污染物、焦距模糊、不良曝光等造成渲染差异。

生成式 AI 的第一项关键技术是让大模型能读出一张图片上物体的几何信息。几何信息包括空间物体的识别、切分和形状分类，对每种形状的物体读出它的形状参数，如长方形的长宽高、球形的半径。和它相对相机的位置参数包括中心距离和朝向角度。在具体实现时，将采用 Vision－Language－Transformer 模型学习。系统把图片信息和参数信息同时推入 Transformer 里。

如图 4－3 所示，在计算注意力时大模型学习到了坐标之间的自关联性、图像之间的自关联性、图像到坐标之间的交叉关联性和坐标到图像之间的交叉关联性。

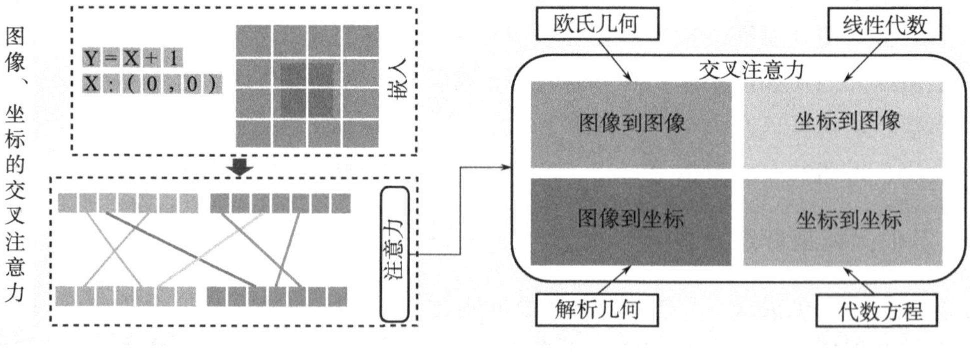

图 4－3　视觉语义对齐原理

大模型学习坐标之间的关联性，实际上是让它去理解代数方程的解法，比如求解两个直线方程的根。大模型学习图像之间的关联性，实际上是让它去理解无度量欧式几何，即公理化欧式几何。比如理解几何关系概念：相交、相切、平行、分离、包含等；还有基本几何形状概念：点、线、面、体等。

一个特别值得关注的观点是，大模型可以通过图像比较的方法，从无度量的公理化欧式几何中，推导出具有度量属性的解析几何结构。其关键点是利用阿基米德度量公理，以某个物体的大小为参考，通过与其他物体比较去度量其他物体的大小。

大模型学习图像和坐标文字的关联，实际上是让它去理解解析几何。这里重点是学习坐标系的概念，包括 3D 平面直角坐标和投影坐标系。在此重点是通过生成大量的 Desargues 几何数据训练大模型对投影几何概念的理解。让大模型理解角度、长度概念，理解代数方程和几何直线曲线的关系，理解方程解和直线曲线相交的关系等。

4.1.3　人机协同优化模型

通过生成式 AI 完成三维场景初步构建，随后是生成最终战场环境模型的阶段，用户可以生成所有内容并进行微调和优化，确保生成的战场环境模型符合预期的要求和标准。用户可以添加战场环境道具和细节，根据需要配置道具生成参数，并通过随机化道具布局增添战场环境的细节和特色。

在生成战场环境模型的基础上，用户需要进行烘焙网格和优化性能的步骤，这包括烘焙道路交叉口、实例化网格和分区分层等操作，以提高战场环境模型的渲染效率和运行性能。用户可以将生成的战场环境导出并与现有系统集成，实现对战场环境的进一步利用和应用。

在图 4 - 4 中，白色的由线段组成的曲线圈为样条线。

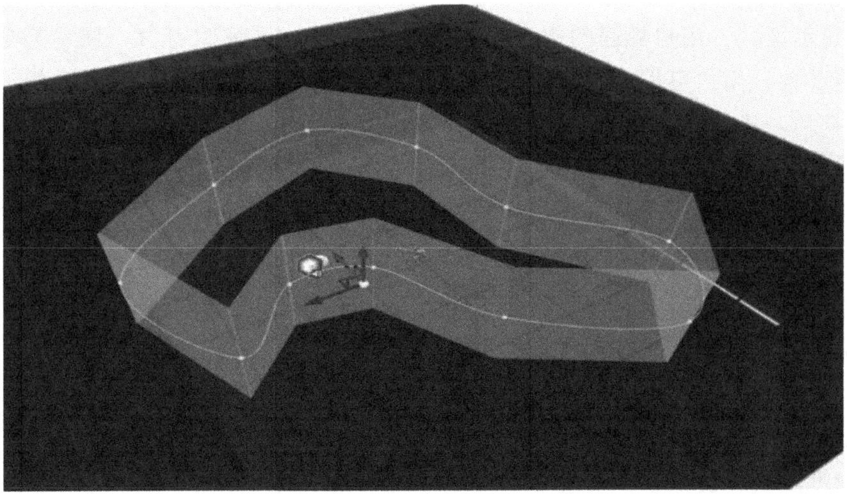

图 4 - 4　三维场景搭建中道路生成

样条线：在计算机图形学和几何设计中，样条线（Spline）是一种用于平滑连接一系列点的数学工具。它们可以被理解为一类特殊的曲线，能够在多个控制点之间创建平滑的过渡。在此，样条线作为一种曲线绘制技术，用于生成道路和建筑物的轮廓。

河流样条线：用于生成城市中河流的样条线。

烘焙网格：烘焙网格是一种将复杂的三维模型信息（如光照、阴影和细节纹理）预计算并存储到纹理贴图中的技术。简单来说就是通过将动态计算的效果预先计算并“烘焙”到静态纹理中，从而减轻实时计算的负担，提高渲染效率。

实例化网格：一种优化技术，用于在场景中重复使用相同的网格实例，以提高性能。通过实例化网格，可以在场景中高效地渲染大量相同或相似的对象，而不需要为每个对象单独创建和存储完整的模型数据。

分区分层：指将大型环境按照区域和层数分割成多个小块，并对其进行分别管理和优化的过程。

针对生成式技术在生成过程中可能存在不确定性和误差，为了确保生成结果的准确性且满足特定需求，需要采取人机协同编辑的方式，以充分利用人工智能的高效生成能力和人类的专业知识与判断力，达到最佳的编辑效果。

研究人机协同的战场环境要素编辑界面设计，目标是设计一个直观、易用、交互友好的人机协同战场环境要素编辑界面，使用户能够方便地与人工智能系统进行交互，对人工智能算法生成的战场环境要素进行编辑和修改。

界面应支持多种操作模式，包括战场环境要素上点线面和高层语义的直接操作、模型参数调整、约束条件修改等，以满足不同用户的需求。同时，界面应具备所见即所得功能，以便用户在编辑过程中能够直观地观察到模型的变化情况。需要研究战场环境要素的底层和高层修改功能需求，研究参数化建模的战场环境要素基于上下文的自适应参数或约束条件修改交互界面，研究基于语音交互界面的三维建模交互式修改方法。

人机协同的战场环境要素编辑界面的初步考虑如下。

1）主显示区域：用户界面的中心位置是一个大的三维视图窗口，展示当前正在编辑的战场环境要素，用户可以通过旋转、缩放等操作来检视模型的各个角度和模型的细节。

2）工具栏与操作模式切换：在三维视图窗口的四周，有一系列的工具图标，包括选择、移动、旋转、缩放等各种编辑功能，旁边有一个下拉菜单或按钮，允许用户切换不同的操作模式（直接操作、参数调整、约束条件设置等）。

3）参数化调整面板：在界面单击鼠标右键后会产生一个基于上下文的弹出菜单，可以选择对当前选中对象的参数调整，如大小尺寸、模型风格、材质选择等，用户可以在这里输入数值或拖动滑动条来调整模型的参数。

4）实时反馈指示器：在界面的另一个侧边栏或底部，有实时反馈指示器，是进度条、颜色或其他视觉反馈信号，用于显示当前操作对模型造成的结果预览。辅助信息和快捷操作：屏幕顶部或底部提供辅助信息显示区域，比如当前模型的文件名、当前操作步骤提示等。此外，还可以设置一些快捷键或语音命令识别结果，以便快速执行常用命令。

5）撤销/重做按钮：在明显的位置放置撤销和重做按钮，让用户可以轻松地回退或重新执行某些操作。

4.2　视觉大模型驱动的战场要素三维模型生成

对于虚拟战场的装备、人员等 3D 模型，同样可以借助大模型技术进行生成。以下部分将对视觉大模型如何驱动生成战场要素三维模型进行详细阐述。

4.2.1　多层 Transformer 的网格模型生成技术

采用基于多层 Transformer 的网格模型生成技术，可以实现从图片或视频流生成战场 3D 模型，如图 4—5 所示。

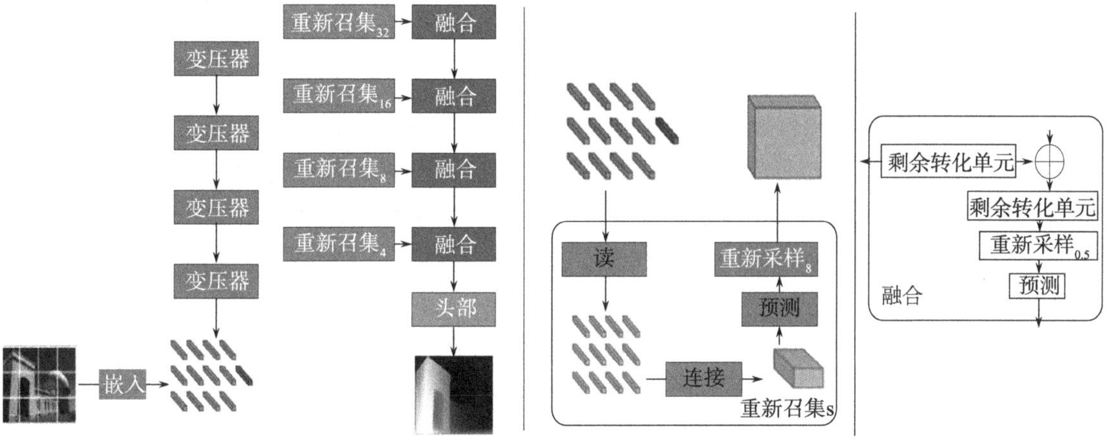

图 4－5　网格式多层变压器自回归模型

具体而言，它通过自回归地从 Transformer 模型中采样生成三角网格。利用单张图像来估计场景的深度信息，而不需要立体图像或多视角图像。采用多尺度特征融合技术，从不同尺度提取特征并进行融合，以提高深度估计的精度和细节捕捉能力。这使得它在应用上更加灵活和广泛。模型经过训练后，可以逐步生成三角形序列，最终构建出完整的三角网格。

视觉大模型使用了一个潜在的量化嵌入概念，这些嵌入通过图卷积网络（Graph Convolutional Network，GCN）来捕捉局部网格的几何和拓扑特征。这些嵌入被序列化并解码成三角形，确保它们能够有效地重建网格。在学习了几何词汇后，使用 GPT 架构的 Transformer 模型进行训练，预测下一个嵌入的索引。通过这种方式，模型可以自回归地生成新的三角网格，直接生成具有锐利边缘和高保真度的紧凑网格。采用深度桥接技术，对相对深度和绝对深度之间的差距进行估计。使用相对深度数据集对编码器-解码器架构进行预训练。通过这种方式，模型能够学习相对深度的信息。在解码器中添加基于新度量箱模块的特定领域头部，并在一个或多个数据集上进行微调，以实现绝对深度预测。

在此 AI 生成系统像 GPT 一样，整体是一个自回归模型。从 encoder（编码器）获得图像目标，在 decoder（解码器）中自回归迭代逐渐构造世界模型。以生成一个街区为例讲解。从 encoder 输入一张街景照片，encoder 理解图片后调用 decoder。decoder 将从宏观到微观逐渐增加细节生成街区的 3D 模型。decoder 第一步将输出地面的参数到 PCG，生成地面的 3D 模型。下一步 decoder 读入地面的 3D 模型，再生成楼房的参数到 PCG，生成楼房的 3D 模型。然后 decoder 再读入地面和楼房的 3D 模型，再生成楼房上窗户的参数。以此类推。这样一步一步细化完成整个街道的 3D 模型的构造，直至和街景照片相符。

实现基于二维图像或视频的三维建模，不仅是形成可视范围内的基于深度的点云信息，而是采用类人思维的方式分析构建目标的整体空间结构，包括目标背面不可见部分的三维结构，甚至是目标对象的内部三维结构。

让大模型能够理解 3D 空间的含义，或者说更直观地理解空间含义，从而帮助 AI 理解场景的三维结构，如理解前后左右的概念、理解距离。可以把 3D 空间划分成有限离散的小正方体，这些小正方体被称为体素（Voxel）。如果体素中有物体则设为 1，没有物体则设为 0，这样空间中的任意物体可以表示成对空间里体素的 3D 矩阵，矩阵元素的值是 0 或 1。而任何一个几何体可以近似看作由体素堆积而成。这种表示可以给大模型对几何不同的理解。比如对于通过性和联通性的理解等。对空间的这种理解和第一项关键技术中建立在数学公理化系统的理解是不同的，更偏向于对空间的直观感觉。特别是对于仿真系统，可以让 AI 运动到物体内和物体外，直观地“看到”其所在位置与周围空间环境的不同。

在图 4－6 中，左侧是用虚拟相机对一个几何体从不同角度拍照。右侧是对这个几何体计算它的体素。旋转拍照生成一组 2D 矩阵，体素则是一个 3D 矩阵。通过计算这两者的交叉注意力（cross attention），让大模型学习到两者之间的关系，从而可以自动生成。

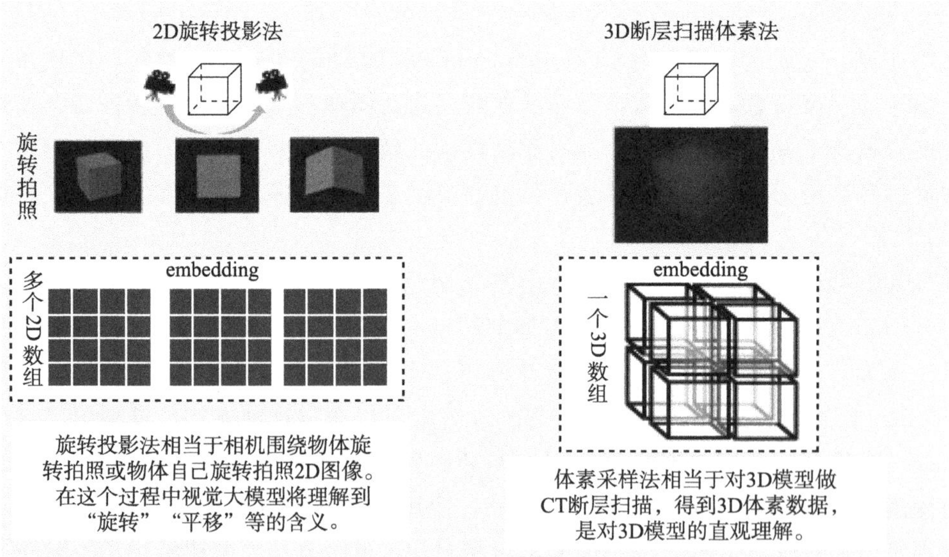

图 4－6　视觉大模型像素至体素映射

4.2.2　人机协同三维模型编辑

类似地，对于视觉大模型驱动的战场三维模型，同样存在不确定性和误差，因此需要人机协同调整。基于参数的三维模型生成与编辑是本技术的关键部分，它允许用户通过选择预设模板并对其进行参数化调整来快速创建和修改三维模型。为了实现这一目标，需要包含以下内容。

实现基于参数的三维模型生成与编辑，提供一个多样化且丰富的模板库，这个库应该包括各种常见和具有代表性的三维模型及其控制参数，以供不同领域和场景下的用户使用。该框架应能够捕捉三维模型的关键特征，并允许对这些特征进行精确控制，如尺寸、形状、拓扑结构等。使得非专业用户也能轻松地选择合适的模板，并对参数进行必要的调整，以生成或编辑所需的三维模型。

同时，实现三维模型参数的可分离性，保障某一个参数的调整尽量不影响其他参数对三维模型的表征，如果某一参数的调整必须影响其他参数的设置以及最终的三维建模效果，研究参数关联调整的方法和用户反馈方式。在参数化调整过程中，可以实时验证模型的正确性和有效性，以及如何根据用户的输入自动优化模型参数，提高模型生成的质量和效率。

通过研究深度学习技术在三维模型语义理解中的应用，使得系统能够自动识别并理解三维模型中的语义信息，如物体类别、属性等。在此基础上，设计交互式编辑方法，使用户能够根据语义信息对模型进行更加精确的编辑和修改。

应用深度学习算法来自动识别三维模型中的不同物体及其类别，包括对场景中各个物体的识别、分类和标注。从三维模型中提取出关键属性信息，如大小、形状、材质、颜色等，以及利用这些属性来丰富模型的语义描述。明确定义三维模型内部各元素之间的空间关系和功能关系，以便更好地理解整个场景的语义构成和逻辑结构。基于语义理解结果的用户界面设计，使用户能够直观地通过语义信息进行模型选择和编辑，如通过类别或属性过滤和搜索模型组件。开发一套精确编辑工具集，允许用户通过直接操作或参数调整的方式，对指定的物体或区域进行详细的修改。最终，构建一个包含多层次细节的三维模型语义网络，以支持从宏观到微观的多尺度编辑操作。

通过实现视觉大模型驱动的环境 3D 模型自动生成技术与人机协同辅助编辑技术，使得大模型能够理解复杂三维模型中丰富的语义信息，并支持用户进行高效、精确的交互式编辑，从而提升三维建模和设计的智能化水平。从而建立一个高效、灵活且用户友好的基于参数的三维模型生成与编辑系统，支持从宏观到微观的多尺度编辑操作，有效地提高三维建模的效率和人机协同编辑能力。

4.2.3　实时渲染技术运用

实时渲染是训练元宇宙中实现高逼真度虚拟场景呈现的关键技术，它能够让士兵在训练过程中获得身临其境的体验。图形处理单元（GPU）加速、光线追踪、实时阴影计算等技术的协同应用，为实时渲染提供了强大的技术支持。

GPU 作为专门用于图形处理的硬件设备，在实时渲染中发挥着核心作用。GPU 具有高度并行的计算架构，能够同时处理大量的图形计算任务。在训练元宇宙中，虚拟场景包含大量的几何模型、纹理贴图和光照效果，这些都需要进行复杂的计算和处理。GPU 通过并行计算，可以快速地对这些图形元素进行渲染，生成高质量的图像。在模拟城市巷战的训练场景中，城市中的建筑物、街道、车辆等大量的几何模型需要实时渲染，GPU 能够在短时间内完成这些模型的绘制和渲染，确保在士兵快速移动和战斗过程中，场景能够保持流畅和逼真。

光线追踪技术是近年来实时渲染领域的一项重大突破，它能够模拟光线在虚拟场景中的真实传播路径，从而实现更加逼真的光照效果。传统的渲染方法通常采用近似的光照模型，如 Lambert 光照模型和 Phong 光照模型，这些模型虽然计算效率较高，但无法真实地模拟光线的反射、折射和阴影等效果。光线追踪技术通过追踪光线从光源发出，经过场景中的物体反射、折射后最终到达视点的路径，精确计算每个像素的颜色和亮度。在模拟室内战斗场景时，光线追踪技术可以准确地模拟光线在墙壁、家具等物体表面的反射和折射，生成逼真的光影效果，使士兵能够更加真实地感受到室内环境的光照变化，提高训练的沉浸感。

实时阴影计算是实时渲染中另一个重要的技术环节，它能够增强虚拟场景的立体感和真实感。在传统的渲染方法中，阴影的计算通常采用阴影映射（Shadow Mapping）技术，该技术将光源视角下的场景深度信息映射到纹理上，然后在视点渲染时根据该纹理来判断物体是否处于阴影中。虽然阴影映射技术能够实现基本的阴影效果，但在处理复杂场景和动态物体时，容易出现阴影失真和锯齿等问题。为了解决这些问题，现代的实时渲染技术采用了更加先进的阴影计算方法，如百分比渐近滤波（PCF）和方差阴影贴图（VSM）等。这些方法通过对阴影边缘进行平滑处理和对阴影深度进行精确计算，能够生成更加细腻和真实的阴影效果。在模拟户外战斗场景时，实时阴影计算技术可以准确地计算出士兵、装备和地形在阳光下的阴影，使场景更加生动和逼真。

4.2.4 动态场景更新

实时渲染不仅要实现高逼真度的场景呈现，还需要根据实时数据和作战态势的变化，实时更新虚拟场景，以保证训练的真实性和实时性。

在训练元宇宙中，当士兵在虚拟场景中移动或战斗时，场景中的地形、建筑、武器装备等元素需要同步更新。这一过程涉及多个方面的技术实现。对于地形的更新，通常采用基于高度图的地形渲染技术。高度图是一种表示地形高度信息的二维图像，通过对高度图的实时修改，可以实现地形的动态变化。在模拟山地作战训练中，当士兵使用爆破武器对山体进行破坏时，系统可以根据爆炸的威力和位置，实时修改高度图中的地形数据，从而实现山体崩塌、形成弹坑等地形变化效果。

建筑和武器装备的更新则需要结合物理模拟和碰撞检测技术。当士兵使用武器对建筑物进行攻击时，物理模拟技术可以模拟建筑物的结构受力情况，根据攻击的强度和位置，实时计算建筑物的损坏程度和倒塌方式。碰撞检测技术则用于检测士兵、武器装备与建筑物之间的碰撞情况，确保场景更新的准确性和真实性。在模拟城市攻坚战中，当士兵发射导弹攻击敌方建筑物时，碰撞检测技术可以判断导弹是否命中建筑物，物理模拟技术则可以模拟建筑物在导弹攻击下的结构破坏和倒塌过程，使场景更新更加真实和生动。

作战态势的变化也是动态场景更新的重要依据。在多兵种联合训练中，随着战斗的进行，战场态势会不断发生变化，如敌方兵力的部署调整、我方部队的推进或撤退等。训练元宇宙需要根据这些作战态势的变化，实时更新虚拟场景中的兵力分布、武器装备状态和战场环境等信息。通过与指挥控制系统的实时数据交互，训练元宇宙可以获取最新的作战态势信息，并根据这些信息对虚拟场景进行相应的更新。当指挥中心下达了新的作战任务，要求我方部队从某个区域发起进攻时，训练元宇宙可以实时更新该区域的兵力部署和战场环境，为士兵提供准确的作战场景，确保训练与实际作战需求紧密结合。

为了实现高效的动态场景更新，训练元宇宙还需要采用合理的数据管理和更新策略。通常采用层次化的场景数据结构，将场景中的物体按照一定的层次关系进行组织，如将地形、建筑、人物等分为不同的层次。在场景更新时，只需要对发生变化的层次进行更新，而不需要对整个场景进行重新渲染，从而提高场景更新的效率。采用增量更新的方式，只传输和处理发生变化的数据，减少数据传输量和计算量，确保场景更新的实时性和流畅性。

实时计算技术在训练元宇宙中的应用，从数据采集与分析到场景渲染与更新，构建了一个完整的实时感知与呈现体系。通过这些技术的协同作用，训练元宇宙能够提供更加真实、高效的训练环境，有力地推动军事训练向智能化、实战化方向发展。随着技术的不断进步，实时计算技术在训练元宇宙中的应用将更加深入和广泛，为提升军队的战斗力和作战能力发挥更大的作用。

4.3　精细跨圈层战场环境信息构建

未来战争呈现高度信息化、智能化特点，作战进程明显加快、力量编成复杂多变，作战训练体系下影响武器装备性能发挥和人员任务遂行的各种不确定性因素急剧增加，作战空间中太空、大气、地面不同作战域以及不同圈层环境要素的相互影响也愈加显著。因此，作为贯穿了“战略-战役-战术”多维度并直达作战体系的执行末端的训练元宇宙系统，对战场环境信息的多维覆盖能力、精准构建能力和快速响应能力提出了更高的要求。

为此，需要开展针对典型作战空间的多维跨圈层战场环境信息构建技术研究，突破跨圈层复杂模型构建、关键区域智能信息降尺度、典型场景环境信息快速搭建、战场环境信息与作战行动信息铰链等关键技术与方法，实现元宇宙环境下作战空间高影响战场环境场景要素生成。主要研究内容之间的关系如图 4－7 所示。

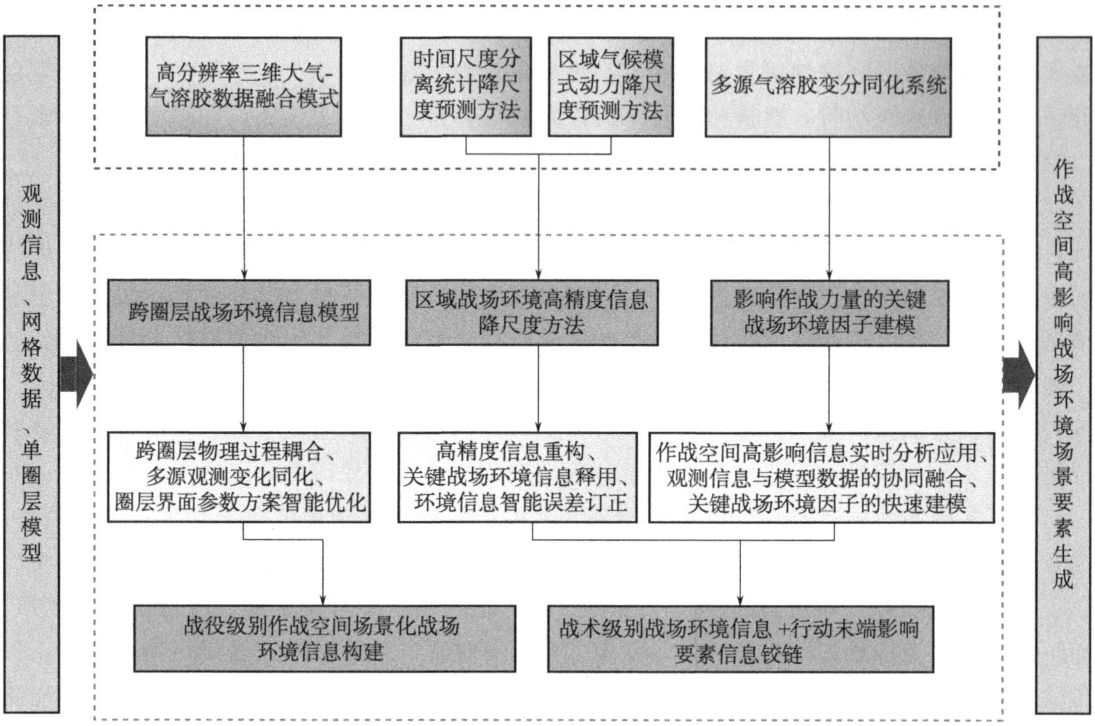

图 4－7　精细跨圈层战场环境信息构建

4.3.1　跨圈层战场环境信息模型构建

跨圈层战场环境信息模型是基于地球系统不同圈层的复杂物理过程，通过解析耦合不同圈层环境信息的物理过程、融合同化多源观测数据、优化关键要素参数化方案，对典型应用场景中涉及的作战空间各类环境信息进行一体化描述并推演其变化过程的有效方式，是实现训练元宇宙应用系统中作战空间全域信息覆盖的驱动引擎。然而，由于传统学科领域研究的壁垒，陆海空天网不同作战域中战场环境信息保障上也存在明显分界，导致在跨圈层复杂物理过程的认识以及建模研究方面发展相对落后，无法满足作战训练全域信息保障的需求。

针对新质作战力量作战布置和行动执行的应用场景，构建作战空间大气-气溶胶跨圈层耦合模型框架；突破多源气溶胶观测资料融合同化技术，有效同化包括能见度、卫星气溶胶光学厚度、消光系数等多源观测信息，提高模型对战场环境关键要素的信息构建能力；开展耦合界面参数方案敏感性试验及智能优化研究，以提升对目标时空的战场环境高质量信息构建的智能化程度。

4.3.2　区域战场环境高精度信息降尺度方法

区域战场环境高精度信息降尺度方法是基于大尺度与区域尺度要素之间非线性作用，

通过区域战场环境数值模式，利用大尺度的战场环境背景信息，建立高精度的战场环境信息分布场，改进对区域战场环境信息的描述，为建立训练元宇宙应用系统提供关键技术支撑。

针对训练元宇宙应用系统中作战保障（包括极限战场训练）的应用场景，利用降尺度方法，关注与作战密切相关的战场环境要素，在多源战场环境资料融合同化分析的基础上，研究区域战场环境高精度信息重构技术和影响战场环境武器装备平台效能的关键战场环境要素实用技术；开展消除偏差集合、基于误差分析权重的超级集合和基于卡尔曼滤波的超级集合等模型结果后处理技术研究，并根据历史观测数据，基于人工智能方法对区域战场环境高精度信息降尺度结果进行误差和考虑地形影响的偏差订正研究，最终提升对区域战场环境关键信息的高精度重构能力。

4.3.3　影响作战力量的关键战场环境因子建模

战场环境不仅影响部队的作战行动实施，还影响武器装备的效能发挥，如何利用有利环境、避开不利环境是作战训练中指挥员、指挥机构、作战部队必须考虑和研究的问题。随着科学技术的发展，武器装备性能有了很大提高，但仍然没有完全摆脱战场环境的制约，尤其是新质隐蔽作战力量的发挥，高度依赖于战场环境的关键因子，有时还会成为决定作战行动成败甚至战争胜负的关键。然而由于新质作战力量关键影响因子与多圈层环境信息的高度互耦性，以及作战行动执行过程对于多源观测融合及环境信息的多维高精度要求，使得现有战场环境数据信息难以满足作战指挥、部队行动和火力运用的保障要求，也造成了训练过程中无法获取真实复杂场景的关键信息等问题。

基于多源观测资料的分析处理和误差估计技术，进行作战环境气溶胶源排放清单制作研究，研发可以同时联通地面、卫星、雷达等多平台观测数据和高精度环境信息模型数据的三维变分协同信息同化模型，形成快速构建作战行动关键环境信息的能力；开发大气能见度、三维气溶胶等关键光学参数分析和信息构建产品的计算模型，建立影响武器的关键战场环境因子模型，强化环境信息与武器及相关作战行动的信息铰链。

4.3.4　作战空间高影响战场环境场景要素生成

战场环境场景要素生成是基于跨圈层战场环境信息模型和关键战场环境因子模型智能化推演，构建出对于目标作战行动具有高影响性的时变立体的场景环境要素信息。由于传统战场环境要素无法直接应用于武器作战效能的训练，需要在前期模型建立的基础上构建智能化快速生成技术。由于传统战场环境要素生成局限于影响武器作战的间接因素，战场环境场景精细化保障技术手段匮乏，在复杂场景下的环境要素与武器应用效能的诊断技术方面发展相对落后，无法满足精细化全域信息保障的需求。

聚焦训练元宇宙中战场环境要素快速智能化诊断生成技术研究，基于战场环境信息模型和关键环境因子模型产品，快速推演生成三维网格化的大气透过率产品以及其他战场环境要素产品。快速诊断生成由插值过程与前期模型输出产品诊断过程等组成，插值过程采用对数气压线性插值和拉格朗日二次插值的垂直插值方案将所有模型层的要素垂直插值到标准空间高度上；基于双线性插值原理，将模式产品水平插值到标准网格点上。快速诊断生成过程主要根据前期模型输出的气溶胶参量、气温廓线、湿度廓线和气压廓线等，通过诊断模型快速计算武器作战参数。其中，重点突破大气透过率诊断关键技术，解决传统静态大气透过率精度低等问题，支撑武器战场环境训练服务。

4.4 虚拟战场可信度量化评估

制定虚拟战场环境生成的可量化评估指标，可以帮助有效地评估和改进虚拟战场环境生成系统的能力。前面主要论证了由图像生成战场场景和三维模型的方法，对于生成结果，它与原始图像信息的相似性就成为可信度量化评估的重要指标。这里对于场景拟真度（Realism）制定了两个指标，分别是：

1）物理一致性评分（Physical Consistency Score）：通过算法评估生成场景中物理属性（如光影效果、物体材质等）的真实度，范围从 1 至 10 分。

2）视觉真实度评分（Visual Realism Score）：利用专家评审和用户反馈，对创建的场景视觉真实感进行评分，评分区间为 1 至 10 分。

为了准确评估这些指标，可采用自监督的生成式自动化评估技术，并结合人工辅助评估，以实现虚拟战场环境逐步的迭代改进。

4.4.1 自监督生成式自动化评估方法

在虚拟战场环境生成过程中，使用到生成式 AI 的一系列算法，并训练出具备相关能力的视觉大模型用于替代人工手动配置。实际上，在训练大模型过程中，采用自监督式算法，通过巧妙地设计预训练任务使得模型能够从已有信息中学习有用的特征。

在具体判定大模型生成结果时，一般不直接使用其生成的三维场景来进行结果判定。首先，借助仿真引擎中的相机，将上述大模型生成的三维模型转换为二维图片作为被试单元；然后，使用传统三维场景搭建方式，以完全相同的方式将其转换为二维图片，作为第二个被试单元；最后，采用直方图比较法、结构相似性（SSIM）、特征点匹配等方法将二者进行对比，其相似度作为结果判定。

在实际操作过程中，通过仿真引擎将三维场景转化为二维图像的步骤如下。

1）设定摄像机：在三维空间内安置一台摄像机，并对其位置、角度以及视野进行调整，以便捕获期望的视角。

2）进行渲染配置：设置渲染参数，包括分辨率、光源、阴影和材质等，确保生成图像的品质。

3）利用截图功能：通过引擎内置的截图工具，将摄像机当前视角的场景转换成二维图像。此外，也可以通过编写软件代码脚本来完成这一过程。

4）存储图像：将制作好的二维图像保存至特定的文件位置。

在上述过程中，渲染设置及摄像机位置可以保证一致性，从而保证去除二维图片对比过程中不必要的噪声。实现完成结果判定算法后，进一步可以构造一个生成对抗网络（Generative Adversarial Network，GAN）来持续优化模型生成结果。

具体而言，生成对抗网络是一种深度学习模型。GAN 由两个主要部分组成：生成器（Generator）和判别器（Discriminator）。这两个网络通过对抗性训练相互博弈，从而生成逼真的数据。

生成器的目标是从随机噪声中生成逼真的数据样本（如图像）。生成器通常是一个深度神经网络，它接受一个随机向量作为输入，并输出一个与真实数据分布相似的样本。判别器的目标是区分生成的数据样本和真实的数据样本。它也是一个深度神经网络，接受一个数据样本作为输入，并输出一个标量值，表示该样本是来自真实数据还是生成数据。

GAN 的训练过程是一个博弈过程：生成器试图生成逼真的数据样本，以欺骗判别器。判别器则试图准确区分真实数据和生成数据。通过交替优化生成器和判别器的损失函数，两个网络不断提升各自的性能。

在对抗式生成评估网络（见图 4－8）中，使用生成的虚拟战场环境作为输入，训练另一个对抗网络或使用现有的模型来评估生成环境的质量。生成器通常使用卷积神经网络（CNN）或递归神经网络（RNN）架构，用于生成逼真的虚拟战场环境参考，基于生成式 AI 的战场环境生成方法和视觉大模型驱动的战场要素三维模型生成技术。判别器通常也是基于 CNN 的架构，用于区分生成图像和真实图像。通过生成器和判别器的对抗训练，不断提升生成图像的质量。训练过程中，生成器试图生成逼真的图像以欺骗判别器，而判别器则不断提高区分真实图像和生成图像的能力。使用损失函数（如交叉熵损失）来优化生成器和判别器。

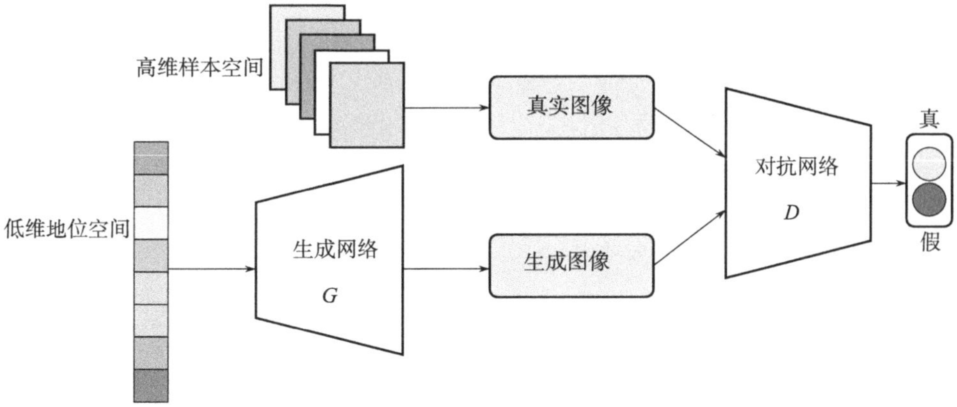

图 4－8　对抗式生成网络原理

4.4.2　人工辅助评估方法

系统集成评估模块，组织领域专家对生成的虚拟战场环境进行评审，评分标准包括视觉真实度、场景复杂度等。专家可以从专业角度提供详细的反馈和改进建议。另外，采用用户体验测试的方式，选取一组用户进行体验测试，用户在虚拟战场环境中完成特定任务，如导航、战斗模拟等。收集用户的主观评分和反馈，评估生成环境的用户满意度。用户反馈可以包括环境的真实感、交互性、易用性等方面。将上述内容通过评估模块自动录入系统，再经过人工审阅的方式，转化为优化指标，重新训练大模型。至此，构建的系统包含人和机器共同参与的评估框架，确保评估过程既考虑了人类的主观判断，同时也利用机器的计算结果。

构建一个人机合作评估体系，使用户能够参与模型的改进流程，通过比较模型的不同迭代版本，评价改进成效，并向系统提出改善意见。利用基于对抗生成的算法和策略，该系统能自动调整和优化三维模型，以更精确地满足用户的需求和实际应用场景。系统借助历史反馈和迭代结果进行自我学习，持续提升其预测和优化性能，优化人机合作的交互流程，降低对用户输入的依赖程度。

通过这些方面的深入研究，打造一个高效、灵活、便捷的人机混合虚拟战场环境交互编辑方法，以确保三维建模成果更加贴合用户需求，或能够根据增量数据进行动态调整，从而为后继训练工作提供坚实的技术支持。

第5章　智能兵力快速生成

如何迅速且高效地创建多样的训练环境和参与训练的部队，是提高训练效果和效率的核心所在。以往的训练方法中，部队的部署和场景的构建常常既耗时又费力，无法满足现代战争对训练速度和适应性的严格要求。然而，智能部队的快速生成技术的出现，为军事训练提供了革命性的解决路径。

这项技术借助先进的AI和数字化技术，打破了传统部队生成的瓶颈，实现了以极快的速度和极高的精确度创建各种虚拟部队和训练实体。它不仅可大幅减少训练准备的时间，还能根据不同的训练目标和环境需求，灵活而精确地配置资源，为军事人员打造更接近实战的训练条件，帮助他们迅速适应复杂多变的战场环境。

本章将从生成式人工智能兵力快速接入、虚拟参训实体服务化快速组配生成、基于服务质量（QoS）的生成评估能力、态势快速评估和预测等方面，深入探讨智能兵力快速生成的各个关键技术点。

5.1　生成式人工智能兵力快速接入

训练元宇宙应用中的计算机生成兵力往往涉及装备模拟器（装备操控台）、数字化仿真模型（卫星仿真模型、导弹仿真模型、无人机仿真模型等）等不同类型，这些计算机生成兵力往往由于实现方式不同而采用不同的网络协议、数据格式，即使相同类型的计算机生成兵力所传输的数据内容也可能无法匹配，导致难以快速接入训练元宇宙系统，实现与其他训练实体之间的互联互通互操作。

针对计算机生成兵力快速集成到训练元宇宙的应用需求，开展计算机生成兵力动态快速接入技术研究，包括数字化计算机生成兵力自动生成、接入协议接口定义、接入代码自动生成、参训实体服务动态加载、接入时空统一等，支撑计算机生成兵力快速集成到训练元宇宙系统。

在实现了计算机生成兵力快速接入的基础上，为进一步提升训练元宇宙系统中虚拟参训实体的可复用性与组合灵活性，需构建一套支持高效集成与动态调用的模型服务框架。该框架可实现模型功能的服务化封装与标准化访问，从而支撑各类仿真资源在云环境下的统一管理、按需组装与协同运行。

同时，为实现虚拟参训实体服务的精准匹配与高效发现，需引入语义级服务搜索与智能推荐机制，从而在规模庞大、类型多样的模型资源中快速定位符合当前训练想定与仿真上下文需求的实体服务。此外，为提高仿真应用的构建效率并降低代码开发难度，还需研究仿真单位行为逻辑的自动化代码生成技术，实现从可视化建模到可执行代码的一键式转换与部署。

5.1.1 可重用可组装算法/模型微服务框架

为了支持云架构下虚拟参训实体资源共享，使虚拟参训实体以共享服务的方式被开发人员调用，需要设计微服务接口，采用标准网络协议实现与已有仿真应用交互，实现在训练元宇宙中的分布式执行。设计了五个标准服务接口，用于实现虚拟参训实体标准接口之间的数据传输。该虚拟参训实体微服务接口将网络交互方式分为三种，分别是：模型初始化命令、模型解算命令以及解算结果与模型状态输出，如图 5-1 所示。

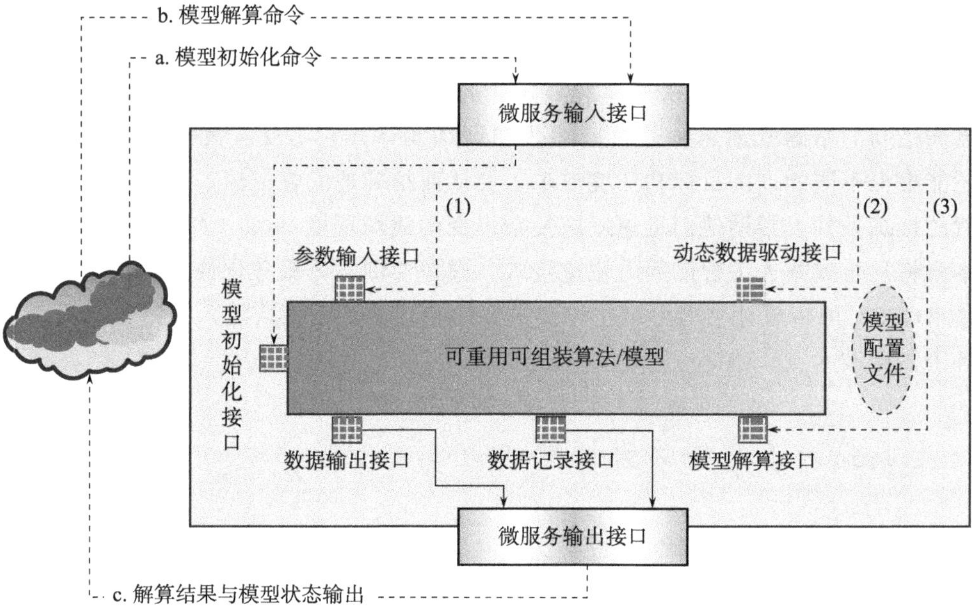

图 5-1 虚拟参训实体微服务接口设计

5.1.2 基于语义搜索的虚拟参训实体服务发现

基于语义搜索的仿真模型发现框架提供了两种仿真模型服务发现方式，如图 5-2 所示。在存放仿真模型资源描述信息的知识图谱数据库中，根据用户输入的功能需求来搜索相应的仿真模型：1）可以通过仿真模型的名称、领域、种类、时间尺度、模型粒度等属性信息搜索找到相应的仿真模型；2）可以通过与其他仿真模型之间的关联关系来搜索找到相应的仿真模型。

用户输入模型属性需求作为语义搜索条件存入数组 Attributes _ search [M]，数组的每一项分别对应候选仿真模型 1～M 个功能需求，仿真用户可以输入一至多个功能需求（如模型名称、领域、种类、时间尺度、模型粒度等）作为语义搜索条件。用户输入模型关联关系需求作为语义搜索条件存入 Relationship _ search [N]，数组的每一项分别对应候选仿真模型与已知仿真模型 1～N 个关联关系，仿真用户可以输入一至多个关联关系（如指挥关系、装备搭载关系等）作为语义搜索条件。

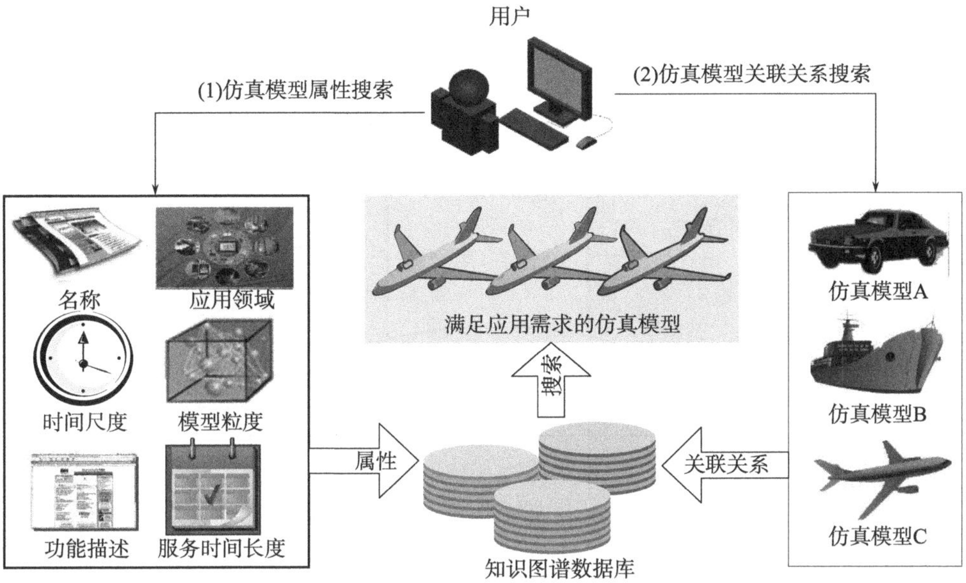

图 5-2　基于语义搜索的仿真模型服务发现方法

5.1.3　单位行动代码自动生成

代码的自动生成是可视化开发的一个重要环节。如何针对提出的并行仿真应用层次式可视化开发集成技术，自动生成可在高性能计算平台上高效运行的并行仿真代码，是并行仿真可视化开发面临的一项巨大挑战。为此，需要研究基于模板映射的仿真模型并行调度代码自动生成技术，构建模板描述元素与仿真模型并行代码语句之间的映射关系，基于该映射关系和可视化描述文法，自动生成能够在内场试验智能计算平台上运行的并行调度代码，形成可执行的仿真应用系统。

模板驱动的代码生成技术核心在于将不变的内容构建为模板，并将变化的内容以特定标记嵌入模板文件中。随后，模板引擎介入，将模板内的标记变量替换为模型提供的输入信息，即赋予动态标记具体值，从而自动产生目标代码。模板引擎原理示意如图 5-3 所示，引擎会把模板文件中非 $ 符号开头的文本原样输出，而以 $ 符号开头的则视为模板变量。在 Java 层面，相关数据或对象被填充到 Context 对象中。当模板引擎解析模板时，它会用 Context 对象中相应的返回值替换 $ 开头的变量，最终输出目标代码。模板文件采用 VTL 语言编写，并利用 Context 对象进行数据的存取。

解析模板引擎的流程。初始阶段，从模型描述文件中提取模型信息并保存至 Context 对象，确保模板中的变量与模型信息能够一一对应。接下来，对模板文件进行解析，识别其中的 VTL 模板变量，并在 Context 上下文中寻找匹配项。若未匹配到相应的模板变量，系统会报错提示；若匹配成功，则用 Context 对象里的数据替换模板内的变量，并继续解析模板文件，重复查找和替换过程，直至整个模板文件解析完成。

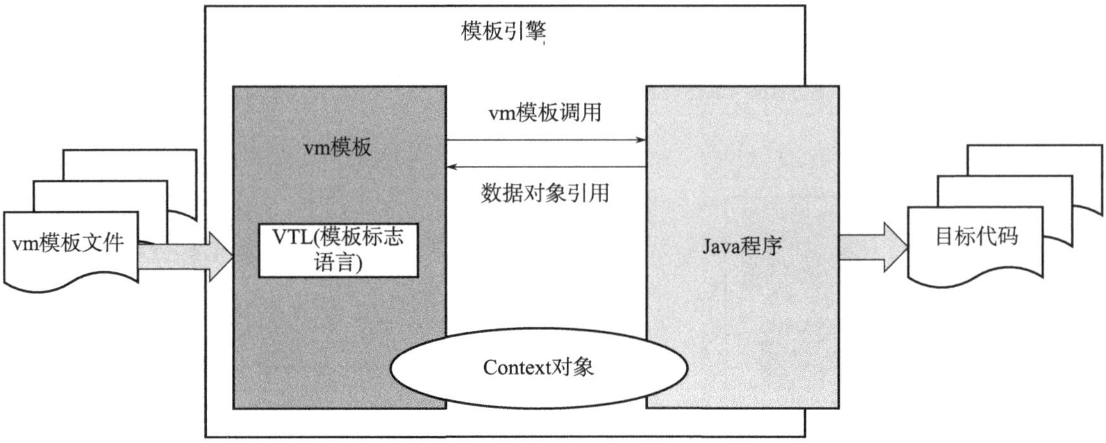

图 5－3　模板引擎原理示意图

5.2　虚拟参训实体服务化快速组配生成

训练元宇宙应用系统包含的参训实体具有异构多源特征，即参训实体有原生、孪生及共生等多种形态，且来源于不同的单位；交互频繁，即不同参训实体之间由于交战对抗的原因将发生频繁的信息交互；按需生成，即不同的训练需求、不同的作战场景需生成不同的训练实体等特点，并且参训实体关联的组训模式灵活多变，同一参训实体在不同作战场景、不同敌我态势下选择的训练方法不尽相同，这就使得在训练元宇宙系统中实现虚拟参训实体模型资源共享、行为编配、快速生成等存在很大的挑战。

为此，需要开展虚拟参训实体服务化快速组配生成技术研究，融合可视化建模、服务化编程、智能化推荐等先进信息技术，突破虚拟参训实体模型服务化重构、虚拟参训实体模型智能推荐、虚拟参训实体作战行为建模、数据驱动的虚拟参训实体生成等关键技术与方法。虚拟参训实体服务化快速组配生成技术是基础支撑技术，其主要研究内容之间的关系如图 5－4 所示。

5.2.1　虚拟参训实体模型服务化重构

虚拟参训实体模型资源共享是训练元宇宙当前迫切需要解决的重要问题。训练元宇宙系统往往包含大量的参训实体，这些参训实体是由参训实体模型实例化构建形成，实体模型内部又包含多个反映实体不同行为的功能组件模型，且这些功能组件模型往往涉及众多武器装备和专业，需要和众多科研单位进行合作。同时，随着战争形态、作战样式新特征的出现，训练元宇宙系统往往需要不断扩展新参训实体，装填新数据，更新战法等。

因此，与成熟的货架软件产品不同，训练元宇宙系统往往需要持续不断地扩展实体、集成升级，由此将导致实体/模型开发和维护成本巨大，从而大大制约了训练元宇

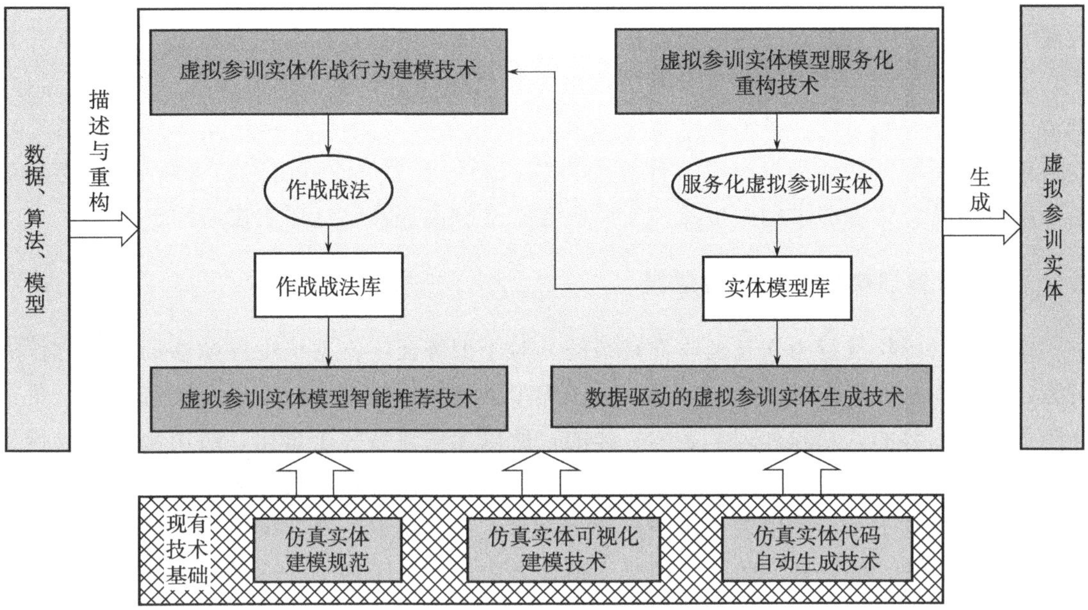

图 5-4　虚拟参训实体服务化快速组配生成

宙的发展。如果能将参训实体模型重构为服务，无需或只需少量地修改参训实体模型配置就可直接重用到新的训练场景中，由此可以避免实体模型的重复开发。同时，在组配参训实体过程中，无需关注其所涉及的领域专业知识，从而有效降低参训实体构建的技术门槛。

为此，需要针对虚拟参训实体模型资源共享、重用组合的需求，开展虚拟参训实体服务化重构技术研究，设计低代码服务化参训实体模型框架，明确数据/算法/模型的服务化重构约束，构建服务化参训实体模型之间的交互机制，实现虚拟参训实体服务代码自动生成技术，支撑各单位提供的虚拟参训实体模型的服务化重构，满足虚拟参训实体模型在不同应用场景下的共享重用需求。

5.2.2　虚拟参训实体模型智能推荐

在训练元宇宙应用系统中，同构/异构虚拟参训实体资源多种多样，涉及不同时间尺度、不同模型粒度，例如导弹模型可能有多种不同的类型，同类型导弹模型可能有多个不同的型号，同型号导弹模型在颗粒度、计算能力、可靠性等方面也可能存在显著差异。现有面向仿真模型的服务选择方法较多关注的是功能能否覆盖，接口是否匹配，交互数据是否满足要求等，而缺乏对模型资源之间关联关系及模型服务质量的考虑，导致从模型库中选择的模型往往难以满足真实训练场景的需求。因此，需要从模型功能、关联关系、服务质量等多个角度去选择合适的虚拟参训实体模型，既精确地满足用户对模型功能的需求，又能满足不同训练场景对仿真模型服务质量的要求。

为此，需要针对虚拟参训实体模型资源按需选择需求，开展虚拟参训实体资源智能推荐技术研究，一方面，支持通过虚拟参训实体模型的名称、领域、种类、时间尺度、模型粒度等属性信息搜索找到相应的实体模型；另一方面，研究虚拟参训实体模型智能推荐算法，通过虚拟参训实体资源信息及其关联关系，根据用户设置的模型属性（如模型名称、领域、种类、时间尺度、模型粒度等）和模型关联关系（如武器装备模型搭载关系等），支持用户定制服务质量指标权重（计算能力值、通信能力值、可用值和可靠值），为参训场景推荐最符合训练需求的虚拟参训实体服务，支撑高逼真训练要素按需构建。

5.2.3 虚拟参训实体作战行为建模

未来战场的作战行为交互是非常复杂的，对于训练元宇宙系统中虚拟参训实体的作战行为建模往往是异常困难的。一方面，由于虚拟参训实体类别多，在同一个态势下，每个指挥员对于态势的认知和处理都是不一样的，所以无法建立一个量化、通用化的作战行为模型。另一方面，由于虚拟参训实体作战行动多样，不同场景不同态势下虚拟参训实体处理行动流程规则不一，难以表达多种作战行为模式。传统的仿真建模方法将实体作战决策行为（战术战法）固化到实体的物理行为模型之中，如基于多 Agent 的仿真建模，通过构建多 Agent 之间的协同规则与合作机制来实现自主决策，导致实体作战行为难以灵活改变，较难适应不同场景、不同态势下军事训练需求。

为此，需要针对虚拟参训实体作战行为灵活编配需求，开展虚拟参训实体作战行为建模技术研究，突破事件图、行为树等多视图下虚拟参训实体作战行为编配、基于机器学习的虚拟参训实体作战行为智能决策建模等关键技术，构建事件图、行为树等作战行为编配器，以及作战行为智能决策建模框架，实现多模态虚拟参训实体作战行为灵活构建，满足不同场景不同态势下虚拟参训实体被训、陪训需求。

5.2.4 数据驱动的虚拟参训实体生成

训练元宇宙系统中的虚拟参训实体是由参训实体模型实例化构建形成。不同训练场景、不同态势下不同的虚拟参训实体可能具有相近的功能特征，可以由相同的实体模型模板配置转换而来。然而，当前参训实体模型往往基于机理建模，缺少引入真实数据对参训实体模型的校验，导致参训实体模型的可信度不高。同时，现有的建模方式，往往将装备模型型号参数固化到实体模型之中，导致大量具有相似功能特征的装备实体模型重复构建，而且实体作战行为难以灵活改变，较难适应不同作战场景、不同战场态势下的训练需求。此外，如果能够实现基于训练想定场景动态地从模型库中加载虚拟参训实体模型，并基于想定配置动态生成虚拟参训实体，则有望大幅提升训练元宇宙的场景搭建效率。

为此，需要针对训练元宇宙虚拟参训实体快速生成的应用需求，开展数据驱动的虚拟参训实体生成，采用真实装备数据对虚拟参训实体模型进行校核验证，采用参数化建模技术实现模型模板向虚拟参训实体模型的映射，基于想定数据驱动实现虚拟参训实体动态加载，从而支撑训练元宇宙系统中虚拟参训实体快速构建。

5.3　基于 QoS 的生成评估能力

训练元宇宙系统中作为服务的仿真模型与普通的 Web 服务有很多相似的特点，当用户需要使用一个虚拟参训实体的时候，不仅需要该模型在功能上满足相应要求，还需要保证该模型具有较高的服务质量（可靠性、计算能力等），以达到构建的复杂系统仿真应用满足需求。

由于在云环境下存在着大量的功能相同的虚拟参训实体，因此通过模型属性或关联关系搜索得到的虚拟参训实体并不唯一，这些虚拟参训实体具有相近的功能和属性，但是由于这些虚拟参训实体往往是由不同机构和部门独立开发的，并且分布在云环境的多个服务器节点上，因此它们在 QoS 上存在着差异。为了确保选择的虚拟参训实体在服务质量上满足应用需求，QoS 成为选择虚拟参训实体的重要的关键因素。因此，在语义搜索得到虚拟参训实体的初始集合后，还需要从该初始集中引入一种基于 QoS 的选择机制，选择出最优的虚拟参训实体。

在此，QoS 指标量化包括虚拟参训实体的计算能力值（QC1）、通信能力值（QC2）、可用值（QA）、可靠值（QR）和安全值（QS）。其中，计算能力值为虚拟参训实体所在的服务节点在单位时间内可用的最大计算量；通信能力值为服务节点之间链路的通信能力；可用值为平均无故障时间与（平均无故障时间＋平均修复时间）的比值；可靠值为虚拟参训实体被成功调用的次数和被调用的总次数的比值；安全值为虚拟参训实体的数据管理能力评价值和被评价次数的比值。

对 QC1、QC2、QA、QR、QS 这五个指标量化值依次编号为 1～5，Q_i^k 表示多个候选虚拟参训实体中第 k 个候选虚拟参训实体的第 i 个指标量化值，$\max Q_i^k$ 和 $\min Q_i^k$ 分别表示该指标量化值可能达到的最大值和最小值，$V(Q_i^k)$ 表示指标量化值的标准取值。

选择条件包括指标权值，可以是用户输入的，也可以是预先设置的。指标权值表示用户所期望各个指标目标值在选取目标虚拟参训实体时所占的比重，计算公式为

$$W=\left\{w_i \mid 1\leqslant i\leqslant 5, \sum_{i=1}^{5} w_i=1\right\}$$

根据指标权值对指标量化值进行加权求和，候选虚拟参训实体的目标指标值计算公式为

$$Q^k=\sum_{i=1}^{5} w_i \cdot V(Q_i^k)$$

仿真用户基于语义搜索的虚拟参训实体服务发现框架得到满足功能需求的虚拟参训实体候选集，首先将虚拟参训实体候选集中每个虚拟参训实体的各个 QoS 指标标准化，然后根据用户提供的代表 QoS 偏好的权值向量，通过以上公式求出候选模型集中每一个模型的 QoS 指标值 Q，根据 Q 值对候选虚拟参训实体进行排序，最后向仿真用户提供基于 QoS 排序的虚拟参训实体集。

5.4 态势快速评估和预测

战场态势评估在分布式指挥决策中扮演着关键角色，如何在信息有限情况下作出战场态势的快速评估是要解决的核心问题。可引入博弈论的分析方法，研究如何将战场态势建模为敌我双方博弈问题，并在有限信息基础上作出合理评估。

在非完备信息条件下，博弈各方实时获取的信息有限，双方存在不对称信息，需根据当前的可观测信息，同时结合历史信息，建立态势评估与预测模型来获取更全面的态势信息。为了能够同时利用当前的可观测信息以及历史信息，可采用时序模型进行态势评估与预测。主要研究内容包括态势表示学习、关系学习以及在序列数据上进行时序学习和时序预测。

博弈过程中，博弈一方为了作出合理的决策，需要实时观测对抗空间的信息。这些信息包括：博弈环境中的当前布局和态势、己方能够采取的策略和动作空间、对手可能采取的策略以及可能执行的动作等。为了更准确地获取当前态势信息，还需要用到博弈过程中的历史信息。博弈是一个动态连续过程，某个时刻的状态一定是与前一时刻的状态有关联的，利用历史信息和当前可观测到的信息，能够更好地分析当前的态势。因此需要用到序列模型来进行时序学习和时序预测。

如图 5－5 所示，态势评估模型基于深度学习模型，包括态势表示学习和关系学习两个模块。态势表示学习模块基于建立的博弈模型，使用前馈型神经网络学习态势更抽象的表示。关系学习模块使用递归型神经网络，该网络能够学习到当前信息和历史信息的关联，通过时序学习，能够利用历史信息和当前信息分析当前的态势。

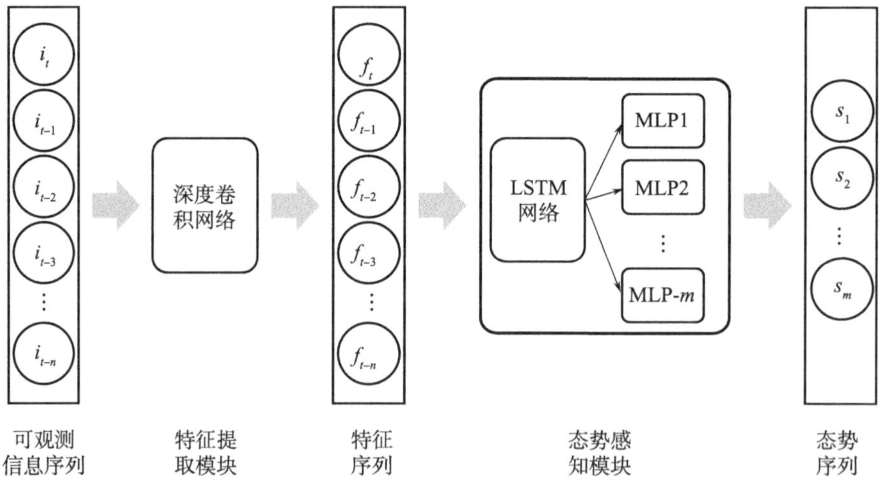

图 5－5 态势评估预测模型结构图

由于战场环境和作战领域的特殊性，在利用深度学习方法进行战场态势评估时还存在一些问题亟须解决。

获取战场态势数据面临诸多挑战，由于实战和演习次数有限，加上战争的不可预测性、敌方的隐秘行动和欺骗手段，以及战场信息的保密要求，这些因素都使得获取精确且高质量的战场态势数据变得异常艰难。传统的深度学习技术依赖于大量高质量的样本数据来训练模型，以期达到理想的评估效果。然而，样本数据的稀缺会导致模型训练不充分，进而降低评估的准确性。在样本数量有限的情况下，通过样本生成技术，可以在现有少量样本的基础上创造出更多新样本，以供模型训练使用（见图 5-6）。

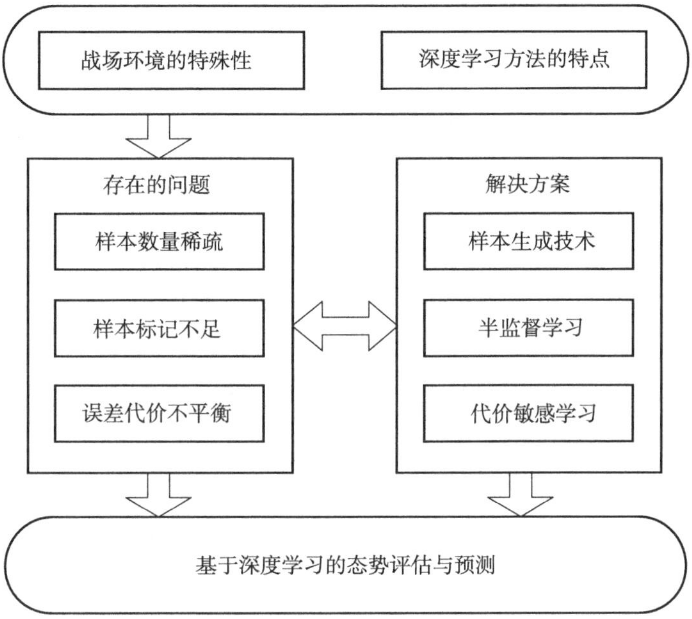

图 5-6　基于深度学习的战场态势评估与预测技术框架

在战场态势评估的背景下，获取足够的带标签样本数据以满足模型训练的需求是相当困难的。相比之下，无标签样本数据相对容易获得，但给这些数据添加标签需要投入大量的人力和时间。在标签样本稀缺的情况下，如果直接使用常规深度学习方法在少量有标签样本上进行训练，会导致评估的准确性不足。为了解决标签样本不足的问题，可以采用半监督学习方法，同时利用有标签和无标签样本进行模型训练，通过挖掘无标签样本中的结构信息来辅助分类或回归模型的学习。半监督学习不仅能够解决监督学习因标签样本不足而导致的泛化能力弱的问题，还能缓解无监督学习完全忽略标签信息而引起的性能下降问题。

自训练方法和协同训练方法是两种简单且适应性较强的半监督学习技术，它们可以与各种标准的分类或回归模型相结合使用，而无需对标准模型进行内部改进。

1）自训练半监督学习方法首先利用现有的少量标记样本进行监督式学习，然后将学习得到的分类或回归模型对无标记样本进行分类或回归预测，也就是为无标记样本添加伪标记，然后根据一定的伪标记选择策略，选择伪标记准确率较高的数据加入训练集重新训练模型。

2）协同训练方法要求样本数据具有两个充分冗余且满足条件独立性的视图。这些视图需要能够独立地从不同角度全面地反映整个数据集的特性。协同训练方法的过程为：首先分别在每个视图上使用有标记样本训练两个模型，然后运用所建立的模型给无标记样本打上伪标签并给出相应的置信水平，最后将置信水平高的伪标记样本加入另一个模型的训练集中，使对方利用合并后的新的数据集重新训练模型。这个互相学习、共同进步的过程不断迭代，直到达到两个模型无法进一步优化为止。

利用自训练方法和协同训练方法这两种半监督学习方法，都可以有效解决战场态势评估中的标记样本不足问题。基本思路是利用神经网络等深度学习方法构建基础评估模型，然后通过自训练方法或协同训练方法，利用无标签样本对基础评估模型进行辅助训练，从而提高模型的精度和泛化性能。需要注意的是，协同训练在多视图数据上效果很好。因此，对于态势图形式的战场态势数据，可以采用不同的图像特征提取方法来构造多视图特征，利用协同训练方法可以获得更好的效果。但是，对于离散数据形式的战场态势数据，由于无法构建多视图特征，使得协同训练方法效果较差，这时可采用自训练方法。

此外，战场态势评估具有明显的误分代价不平衡特点，将劣势态势误分为优势态势的代价要远远高于将优势态势误分为劣势态势的代价。但是常规的深度学习方法以提高模型总体准确率为目标，假定不同类别的误分代价是相同的，这种方式应用于具有误分代价不平衡特点的战场态势评估问题中，很容易造成误分代价高的样本错分，而对作战进程造成严重影响。针对代价误分不平衡问题，可以利用代价敏感学习方法来缓解。代价敏感学习考虑不同类别样本的误分代价，重点关注错分代价较高类别的样本，以分类错误总代价最小为目标。代价敏感直接学习是对深度学习算法内部进行改进，如对算法损失函数进行改进，引入误分代价敏感因子，使深度学习算法具有代价敏感特性。

第 6 章　可重构元数据和元模型

随着元宇宙技术在军事训练中的深入应用，数据和模型作为核心组成部分，其创建方法和管理策略直接决定了训练的品质和成效。面对日益增长且多变的训练需求，传统训练数据和模型架构的局限性逐渐显现，如不够灵活、适应性差等。然而，可重构的元数据和元模型技术的引入，为解决这些问题提供了新的途径和手段。

该技术致力于打造一个更加灵活和适应性强的系统，通过实施标准化的数据架构，使得数据的组织和交互更加规范和高效；利用数据与模型的交互式重构技术，能够依据不同的训练场景和任务需求，迅速而灵活地调整数据与模型的架构，以适应各种训练需求；同时，对可演化数据与模型进行有效的管理和评估，确保它们始终具备优秀的性能和可用性。

本章将从基于元模型的标准化数据架构设计、数据与模型的交互式重构方法、可演化数据与模型的管理和评估等方面，深入探讨可重构元数据和元模型的各个关键技术点。

6.1　基于元模型的标准化数据架构设计

在军事训练领域，可重构的元数据和元模型展现出明显的优点。它们在适应性方面表现出色，能够迅速适应多变的训练环境，灵活地调整数据和模型结构。例如，在模拟多样化作战场景时，它们能够快速地进行重构以满足特定需求。在通用性方面，通过基于元模型的标准化数据架构设计，数据能够在不同的系统和训练环节之间实现无缝对接和高效流通，从而消除了数据孤岛现象，提高了整体的协同效率。至于可持续性，通过交互式地重构数据和模型以及管理评估可演化数据和模型，确保了它们能够随着军事技术的进步和作战理念的更新而持续进化，从而为军事训练提供持续且精确的支持，有效防止因技术更新换代而导致模型淘汰。

6.1.1　数据架构设计

训练元模型的数据架构设计，自下而上分为资产存储层、元数据元模型层、数据与模型资产层和资产管理层（见图 6－1）。

（1）资产存储层

基于云存储和边缘存储实现的数据资产和模型资产存储体系，提供资产存储、资产更新、资产上传、资产下载和资产缓存功能。其存储方式分为云存储和边缘存储。所有公有资产都在云存储中存储拷贝，依靠分布式存储实现加速。边缘设备在执行仿真训练、数据和模型编辑任务时将所需资产存储在边缘设备，可上传和下载资产，缓存管理功能使边缘

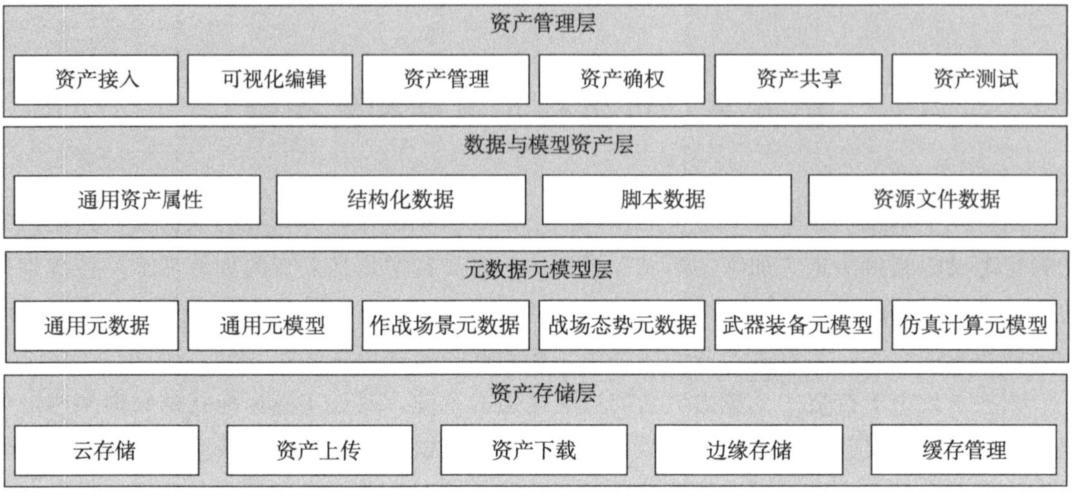

图 6-1　数据架构设计图

设备能够自动下载或更新所需资产。

（2）元数据元模型层

通用元数据：基本的通用数据资产规范，定义了通用数据资产接口和通用数据资产属性，支持资产分类、资产标签、资产索引、资产基本信息等数据资产通用功能实现。

通用元模型：基本的通用模型资产规范，定义了通用模型资产接口和通用模型资产属性，支持资产分类、资产标签、资产索引、资产基本信息等模型资产通用功能实现。

作战场景元数据：包含一系列作战场景数据资产规范及其标准技术实现，包括对地理信息、地形信息、水体信息、植被分布、建筑物分布、气候气象和当前时间等数据的定义。

战场态势元数据：包含对各作战单元的状态信息、指令信息、通信状态和武器状态的定义，还包含对参战方信息、战场信息、任务状态等数据的定义。

武器装备元模型：包含对机动平台、火力组件、动力组件、防护组件、通信组件、传感器组件以及各操作界面的定义。

仿真计算元模型：包含对判定结算模型、火力毁伤模型、通信链路模型、探测与干扰模型的定义。

（3）数据与模型资产层

通用资产属性：存储数据与模型资产的通用资产属性，包括资产基本信息、资产类型、资产标签、资产版本信息和资产关联信息。

结构化数据：存储数据与模型资产的结构化数据，这些结构化数据被资产所标注的元数据或元模型定义，需要符合元数据或元模型规范并通过规范性检查。

脚本数据：存储数据与模型资产的脚本数据，用以提供模型的逻辑功能。

资源文件数据：存储数据与模型资产的资源文件数据，并在资产内部按照一定的目录结构存储，可以支持三维模型、位图文件、波形文件或序列帧文件等。

（4）资产管理层

资产接入：支持对已支持的外部资产按照元宇宙平台标准以及各元数据、元模型标准进行资产的适配和接入。

可视化编辑：支持对数据和模型资产的基本属性以及快照图像进行列表展示，支持分类和查询等检索功能，可进行可视化展示，可通过对应编辑器实现可视化编辑。

资产管理：实现对已入库资产的管理，支持对数据资产进行新建、删除、编辑等。

资产确权：支持资产入库后依据资产生成方和资产上传方确认归属权，确立资产归属和资产权限。

资产共享：支持用户使用共享资产权限授予功能，以及资产共享申请资格授予功能。

资产测试：支持资产运行环境、资产测试基础资源和资产测试工具。资产测试工具和资产编辑工具采用一体化设计，形成快速反馈闭环。

6.1.2　元数据和元模型标准

构建元宇宙时，确立统一的元数据与元模型标准显得尤为关键。元宇宙的训练涉及众多仿真元素，包括不同来源、不同版本的数据和模型，这些数据和模型又与众多专业设备、数据格式和技术接口紧密相连。这些标准不仅能够提升系统间的互操作性，还能够推动数据共享和资源整合。

制定元数据和元模型标准的首要任务是处理数据资产化管理的问题。在元宇宙中，通过将数据信息资源资产化管理，可以达成以下目的：实现分布式记账，利用区块链技术记录数据资产所有权，确保数据流转的去中心化和可追溯性；激励数据共享，通过适当的市场机制鼓励数据产出方共享资源，从而解决数据孤岛和数据冗余的问题。

1）元数据（Metadata）定义为：描述数据的数据，提供关于数据的上下文信息，包括数据的来源、格式、结构、用途等。类型包括结构化元数据（如数据库模式）、描述性元数据（如文件属性）、管理性元数据（如访问权限）等。

2）元模型（Metamodel）定义为：描述模型的模型，用于定义模型的结构、规则、约束和关系。类型包括概念元模型（如 UML）、技术元模型（如 XML Schema）、领域特定元模型（如业务流程模型）等。

为了增进数据流通的效率和质量，元数据与元模型的标准制定应包含以下要点。

1）标准化统一：确立统一的数据格式、模型规范以及接口标准，以保证不同系统与平台间数据的无缝对接。

2）高效流通：借助标准化的数据接口和传输协议，实现数据的快速流通和共享，从而提高数据的使用效率。

3）实时校正：利用数字孪生技术，对虚拟模型中的数据问题进行实时校正，确保数据的精确性和真实性。

4）一致性检验：运用数字孪生技术，检验建模仿真数据的一致性，识别并修正数据中的错误和不一致性。

为了达成广泛的互操作性，元数据和元模型的标准应具备以下特点。

1）高层体系结构（HLA）：采纳高层体系结构等标准，实现不同仿真模块的快速组合与互操作性。

2）模块化服务：通过标准化的接口规范，促进模块化服务内容的开发与替换，增强系统的灵活性和适应性。在元宇宙中，非同质化代币（NFT）技术可用于管理和激励数据与模型的开发。

3）独特性与不可变性：每个 NFT 都是独一无二且不可更改的，具有特定的价值和收藏价值。通过 NFT 管理模块化服务内容，激发开发者的创新激情，推动元宇宙内容生态的发展。

元数据和元模型标准的制定在众多领域拥有广阔的应用前景。通过标准化的数据和模型管理，增强军事仿真与训练的效果，支持复杂环境下的作战推演和指挥控制。随着元宇宙技术的持续进步，元数据和元模型标准的制定将变得更加完善和细致。这将促进元宇宙在不同领域的应用与进步，实现虚拟与现实的融合与互动。未来，元数据和元模型标准将超越技术层面，扩展至法律、伦理和社会等多个领域，确保元宇宙的健康和可持续发展。

6.1.3 元数据和元模型运用

在训练元宇宙领域，元数据与元模型的运用呈现出如下特点。

1）沉浸式体验。利用高品质的元数据与元模型，为用户带来深度沉浸的体验感受。

2）现实与虚拟的结合。达成现实世界与虚拟世界在数据和模型层面的无缝整合。

3）交互操作性。保障不同系统及平台间的数据和模型能够实现交互操作与共享。

由此可见，元数据与元模型的运用显著促进了军事仿真、训练以及指挥控制等领域的发展进步。

（1）作战推演与指挥决策

在作战推演与指挥决策过程中，元数据与元模型扮演着至关重要的角色。

感知战场态势：借助精确的元数据和元模型，能够即时构建并不断更新战场态势图，赋予指挥员身临其境的态势感知体验。

辅助智能决策：结合虚拟与现实的元数据和元模型，为作战推演中的智能决策提供支持，增强决策的精确度和效率。

评估推演效果：通过深度沉浸式的推演评估环境，利用数字孪生技术对推演结果进行实时反馈，优化作战计划与策略。

（2）军事训练与模拟

在军事训练与模拟领域，元数据和元模型的运用增强了训练的真实性和成效。

模拟训练：借助高保真度的元数据和元模型，构建真实的训练环境，增强训练成效。

动态调整：运用数字孪生技术，动态调整训练过程中的数据和模型，保障训练场景的真实度和连贯性。

虚拟与现实结合：达成虚拟训练与实际训练的完美融合，提供全面的训练解决方案。

(3) 数据资产化管理

在元宇宙的训练领域，数据资产化管理扮演着关键角色。

1) 利用区块链技术进行分布式记账，确保数据资产所有权的去中心化和可追溯性。

2) 通过市场机制激励数据提供者共享资源，有效应对数据孤岛和冗余现象。

3) 采用 NFT 管理数据资产，激发开发人员的创新精神，推动内容生态的繁荣。

(4) 互操作性与模块化服务

为了达成广泛的互操作性，元宇宙的训练需要统一的元数据和元模型。

采用 HLA 等标准，实现 HLA：不同仿真模块的迅速组合与互操作。

通过标准化的接口规范，实现模块化服务：支持模块化服务内容的开发与替换，增强系统的灵活性与适应性。

(5) 实战化应用

在训练元宇宙的实战化应用中，元数据与元模型扮演着至关重要的角色。构建数字孪生战场，使之与实际战场相连，可以显著提升训练和作战的真实性和效果。标准化的元数据和元模型有助于不同作战领域的协同，进而增强整体的作战效能。数字孪生技术的应用，能够实时提供作战与训练的数据和模型反馈，不断对作战计划进行改进和优化。

随着元数据和元模型的标准与应用的持续完善和优化，训练元宇宙将迈向更高效、更精确、更智能化的作战与训练目标。

6.1.4　元数据和元模型演化路径

元数据与元模型是构建和训练元宇宙的基础，它们的发展轨迹对于深入探索元宇宙的潜力以及促进军事训练的现代化至关重要，犹如稳固的基础和精确的设计图，全面地支持着虚拟训练系统的建立和高效运作。探讨元数据与元模型的发展轨迹，对于认识和促进元宇宙技术的发展具有重大意义。以下是几个主要的发展方向。

(1) 自动生成与优化

在训练元宇宙领域，利用机器学习算法自动创建和改进元数据与元模型，已成为关键的发展趋势。这些算法能够深入分析大量军事训练数据，包括士兵的训练成绩、武器的性能参数、战场环境的模拟数据等，从而精确地识别出潜在的模式和规律，并自动生成高质量的元数据和元模型。以模拟射击训练为例，机器学习算法能够基于丰富的射击数据，自动识别出射击精度、速度、武器后坐力等关键特征，创建相应的元数据，精确描绘射击过程中的关键要素。这种自动化方法显著提升了数据处理的效率，有效降低了人工标注可能引入的误差和工作量，确保了训练数据的精确性和时效性。

此外，机器学习算法还能够持续对已生成的元数据和元模型进行优化。通过持续的学习和反馈，算法能够动态调整元数据和元模型的参数和结构，使其更好地满足军事训练的实际需求。以军事通信模拟训练为例，通过深度学习大量通信数据，机器学习算法能够优化通信模型的参数，提高模型在不同通信环境下对信号传输和干扰处理的模拟精度，从而生成更符合实战需求的元数据。

自然语言处理技术在训练元宇宙元数据自动提取的过程中也扮演着至关重要的角色。通过这项技术，可以从各种军事文档、训练报告和实时通信数据中自动提取元数据。例如，在作战指令分析中，自然语言处理技术能够自动识别指令的发布者、接收者、任务内容、执行时间等元数据，帮助指挥系统高效地解读和执行作战指令。此外，自然语言处理技术还能对军事文本进行深入的语义分析，揭示文本背后的策略意图、作战计划等深层次元数据信息，为军事决策提供有力的支持。

（2）自学习与演化

深度学习技术的融入，使得元模型能够自我学习和适应，成为元宇宙中元数据和元模型进化的重要途径。基于神经网络的深度学习，拥有出色的自我学习功能，能从大量军事训练数据中自动提取复杂特征和模式。将深度学习应用于元宇宙的元模型训练，可使模型根据不断演进的训练场景和战场环境，自动调整其结构和参数。

以联合军事演习模拟训练为例，元模型通过深度学习技术不断吸收参演部队的行动数据和战场态势变化信息，根据实时战况自动改进兵力部署和火力分配等策略，从而实现训练场景的动态优化。进一步地，强化学习技术的应用，可以提升元数据和元模型在实际军事训练中的表现。强化学习通过与训练环境的实时互动，根据环境反馈的奖励信号学习最佳策略。在训练元宇宙中，利用强化学习技术，可以持续调整元数据和元模型的应用方法，以达到最佳训练效果。例如，在战术训练中，通过强化学习算法不断改善士兵的行动策略，确保其在各种复杂战场条件下都能作出最佳决策。

（3）智能决策支持

在训练元宇宙领域，深度整合决策系统与元数据、元模型，打造智能决策支持系统，是元数据和元模型应用的关键路径之一。在虚拟战场的复杂多变环境下，智能决策支持系统能迅速处理大量元数据和元模型，为指挥员和士兵们提供精确且及时的决策指导。

在模拟实战的对抗训练过程中，利用元数据和元模型对战场状况进行实时感知和深入分析，智能决策支持系统能够向指挥员提供关于兵力配置、作战时机选择、火力打击策略等多维度的决策辅助，帮助指挥员制定出科学且合理的战斗方案。同时，在个人训练环节，智能决策支持系统能够依据士兵的实时训练信息和当前训练环境，为士兵提供定制化的训练建议，如技能提升路径、战术应用指导等，从而显著提高士兵的训练成效。

（4）虚实融合与交互体验提升

通过数字孪生技术，虚拟训练世界与实际军事训练场景的无缝连接得以实现，这在训练元宇宙中对元数据和元模型的应用拓展至关重要。该技术能够实时收集现实中的军事装备和训练场所等实体的状态信息，并在虚拟空间中创建出与之完全匹配的模型，同时保持与物理实体的实时同步更新。在训练元宇宙里，数字孪生技术能够将实际的武器和战场精确地映射到虚拟训练场景中，达到虚拟与现实的高度融合。

以装备操作训练为例，数字孪生技术允许士兵在虚拟环境中模拟操作真实装备，实时掌握装备的运行状态和性能参数等关键元数据，从而提前熟悉操作流程和维护要点，增强操作熟练度和故障处理能力。结合增强现实技术，为军事训练提供沉浸式的元数据和元模型交互体验，同样是元数据和元模型发展的一个关键方向。增强现实技术将虚拟信息融入实际训练场景中，为士兵提供更直观和丰富的训练信息。

在战术训练方面，利用增强现实技术，士兵可以在真实的训练场地中实时获取战场态势、友军位置、任务目标等虚拟信息，实现虚拟与现实的深度结合，增强训练的真实感和实战性。此外，通过自然语言处理、手势识别等技术实现人与元数据和元模型的自然交互，是提升军事训练交互体验的核心。自然语言处理技术让士兵能够通过语音与虚拟训练系统互动，快速发出指令、查询信息，从而提升训练效率。手势识别技术则允许士兵通过简单的手势来控制虚拟训练场景，增加交互的自然性和趣味性。同时，支持多用户协同训练，实现元数据和元模型的共享与协作，为进行联合军事训练和提升部队协同作战能力提供了坚实基础。

（5）演化路径展望

在训练元宇宙背景下，元数据与元模型的演变路径包括技术创新、标准统一、智能应用和协同管理等多个方面。随着技术的不断突破和实践的逐步深入，元数据和元模型在军事训练数据管理、训练模型优化、智能决策支持等领域的重要性日益凸显。随着虚实融合技术与智能协作技术的持续发展，元数据和元模型在训练元宇宙的应用前景将变得更加宽广。

但是，也要清晰地看到，在训练元宇宙中元数据和元模型的发展还存在许多挑战。技术标准方面，目前训练相关的元数据和元模型的标准尚未统一，导致不同训练系统间数据的兼容性和互操作性不足，这严重限制了元数据和元模型的广泛应用和共享。在数据安全和隐私保护方面，由于军事训练数据的敏感性，确保元数据和元模型在存储、传输和使用过程中的安全，防止数据泄露和恶意篡改，是迫切需要解决的问题。

6.2　数据与模型的交互式重构方法

对数据与模型等各类资产，可以通过各种编辑器进行可视化编辑，还可以通过测试工具进行测试。

6.2.1　对各类资产的可视化编辑器

作战场景数据编辑器：包含可视化的水陆地形编辑、植被分布编辑、建筑物分布编辑、气候气象编辑等主要功能。

战场态势数据编辑器：包含可视化的想定与兵力部署编辑功能，可设置各作战单元的状态信息、指令信息、通信状态和武器状态，以及各参战方的作战编成和兵力部署，还可编辑参战方信息、战场信息和任务信息等。

武器装备模型编辑器：包含可视化的机动平台、火力组件、动力组件、防护组件、通信组件、传感器组件以及操作界面编辑功能。

仿真计算模型编辑器：包含判定结算模型、火力毁伤模型、通信链路模型、探测与干扰模型的编辑功能。

6.2.2 测试工具设计

设计数据和模型测试工具需要考虑多个方面，包括功能需求、系统架构、技术选型等。以下为一套设计方案纲要示例。

（1）功能需求

数据质量检测：检查数据的完整性、一致性、准确性和及时性；分析数据的分布情况，包括均值、中位数、方差、偏度、峰度等统计指标；异常值检测，识别和处理数据中的异常值和缺失值；提供数据的可视化工具，帮助用户直观了解数据情况。

模型测试功能：评估模型的性能，包括准确率、精确率、召回率、F1 分数、AUC 等指标。进行交叉验证、留一法验证等，确保模型的泛化能力。支持多个模型的对比分析，帮助选择最佳模型。提供模型可解释性分析工具，如特征重要性分析、LIME、SHAP 等。

（2）模块设计

数据质量检测模块：编写数据质量检测算法，检查数据的完整性、一致性、准确性和及时性；接口：提供 API 接口，接收数据输入并返回检测结果。

数据分布分析模块：使用统计分析方法，计算数据的各种统计指标；接口：提供 API 接口，接收数据输入并返回分析结果。

异常值检测模块：实现常见的异常值检测算法，如 Z - score、IQR、LOF 等；接口：提供 API 接口，接收数据输入并返回异常值检测结果。

模型评估模块：实现模型评估指标的计算，包括准确率、精确率、召回率等；接口：提供 API 接口，接收模型和测试数据输入并返回评估结果。

模型验证模块：实现交叉验证、留一法验证等方法；接口：提供 API 接口，接收模型和数据输入并返回验证结果。

模型对比模块：实现多个模型的对比分析功能；接口：提供 API 接口，接收多个模型和数据输入并返回对比结果。

模型可解释性模块：集成 LIME、SHAP 等可解释性分析工具；接口：提供 API 接口，接收模型和数据输入并返回可解释性分析结果。

6.3 可演化数据与模型的管理和评估

可演化数据与模型的管理和评估技术，对于元宇宙平台在军事训练领域的演进和应用中具有关键意义。

6.3.1 可演化数据与模型的管理

随着元宇宙平台的不断进步，数据与模型的管理技术的可塑性与演化性成为确保平台功能与效率的核心要素。这些技术不只是技术层面的实践，更是向用户提供高效、安全、可靠的数据与模型管理解决方案的关键。接下来，将深入探讨这些技术的核心功能及其实施策略。

1）数据与模型资产化管理：管理技术的核心在于将用户生成的数据和模型高效地转变为平台资产。这涵盖了对数据和模型的分类、标记、版本控制以及元数据管理，确保其可追踪性和安全性。资产化管理使得平台能够更好地利用资源，提升数据和模型的管理效率和可用性。

2）简易的共享机制：为了推动合作与创新，管理技术必须提供安全且易于操作的共享机制。这包括设定灵活的访问权限和共享策略，让用户能够根据需求分享数据和模型，并支持跨团队或跨组织的合作项目。共享机制不仅提升了工作效率，还加强了平台社区的协作精神。

3）高效的检索系统：构建和实施高效的数据与模型检索系统是管理技术的核心职责之一。用户需要能够迅速、准确地定位和获取所需的数据和模型资源。通过优化检索系统，平台能够改善用户体验，减少信息检索的时间成本，并协助用户在复杂任务和项目中作出决策。

4）直观的可视化预览功能：为了协助用户更好地理解和运用数据与模型，管理技术应提供直观的可视化预览功能。这包括利用图表、图形化界面和交互式工具，展示数据和模型的结构、关系和特征。直观的预览功能不仅提高了数据分析和模型理解的效率，还增强了用户对平台功能和价值的信任与认同。

5）支持可演化重构：在科技迅速发展的背景下，数据和模型的可演化重构显得尤为重要。管理技术需要能够灵活适应用户需求的变化，支持数据和模型的动态更新与重构。这包括技术架构的灵活性设计、自动化工具的运用以及有效的变更管理策略，以确保数据和模型在演化过程中的连续性和有效性。

6.3.2　可演化数据与模型的评估

随着平台数据和模型体系的快速增长与更新，评估技术致力于确保这些数据和模型在各个阶段和应用场景中保持高品质和一致性。该技术不仅关注评估规范的制定，还包括评估方法的精心设计和实施。

1）评估技术确保平台数据和模型遵循既定的技术标准和行业最佳实践。通过建立详尽的评估规范，确保数据收集、处理和存储的方法能够满足各种应用需求，包括数据的准确性、完整性和可靠性。这种规范性评估确保了元宇宙平台在面对复杂任务和大规模仿真推演时，提供一致且可信的数据支持。

2）评估技术同样重视技术标准的更新和适应性。随着技术和用户需求的演进，评估技术必须能够灵活调整，以适应新兴技术的采纳和平台功能的发展。这种灵活性确保了评估技术能够持续有效地支持平台数据和模型的演进，从而确保其在不同场景下的高可用性和可扩展性。

3）评估技术的应用范围广泛，包括但不限于数据质量评估、模型精度评估和系统整体性能评估。这些评估不限于静态的数据和模型状态，还包括对动态数据更新和实时模型变更的监控与调整。通过持续的监控和反馈，评估技术使得平台能够及时发现和纠正潜在问题，确保用户始终能够依赖高品质的数据和模型进行决策支持和仿真实验。

第 7 章　人机混合自协调交互控制

人机混合自协调交互控制是为了融合机器智能和人类智慧来协同完成复杂作战任务，以提高战场上的态势感知、决策速度和战斗效能。其核心目标在于将人类的洞察力与机器的计算力相结合，以解决察打协同体系中普遍存在的精度不足和效率低下等关键问题。

本章将从自适应人机混合察打交互路径优化、协同在线标注与动态意图识别、基于智能辅助决策的人机高效协同等方面，深入探讨人机混合自协调交互控制的各个关键技术点。

7.1　自适应人机混合察打交互路径优化

提升实战能力的关键之一在于高效的察打任务执行。面对虚拟战场的复杂多变，传统的人机交互模式显示出其局限性，无法充分利用人与机器的优势，从而限制了察打任务的效率和准确性。然而，训练元宇宙以其高度仿真的虚拟环境、实时交互性和强大的数据处理能力，为自适应人机混合察打交互路径的优化开辟了广阔的发展前景。

训练元宇宙能够模拟各种复杂的战场环境，包括城市巷战、山地丛林作战、海上舰艇对抗和空战等，为参训人员带来沉浸式的训练体验。在这些虚拟场景中，参训人员与机器智能合作完成察打任务，通过持续的训练和交互路径优化，增强作战能力。例如，在模拟城市巷战的训练元宇宙中，参训人员必须与无人机、智能武器系统等协同作战，迅速而准确地识别藏匿于建筑物内的敌方目标，并执行精确打击。这不仅检验了参训人员的作战技能，也对人机协同的交互路径提出了严格的要求。

研究自适应的人机混合察打交互路径优化策略，能够打破传统模式的束缚，实现人机之间的深度融合与高效协同，使参训人员在训练元宇宙中获得更贴近实战的训练效果，为实际作战奠定坚实基础。

7.1.1　自适应策略和交互路径优化方法

实现自适应的人机混合察打操控的策略和交互路径优化，关键技术原理包含以下四个步骤。

（1）意图识别模型

在训练元宇宙中，意图识别模型是实现自适应人机混合察打交互路径优化的基石。该模型依托训练元宇宙丰富的场景数据、多源传感器数据以及参训人员的操作行为数据，运用深度学习算法进行实时分析，精准识别参训人员的作战意图。

在训练元宇宙的山地作战场景中，模型可以根据侦察无人机获取的高清图像、热成像数据，结合地理信息系统（GIS）提供的地形数据，快速分析出敌方目标的可能位置、兵力部署以及潜在威胁程度。通过对目标的形态特征、移动轨迹以及周边环境的综合分析，判断其是否为敌方人员、武器装备或重要据点。意图识别模型还能根据参训人员在虚拟环境中的操作习惯、下达的指令以及与其他参训人员的协作模式，进一步确认作战意图，为后续的人机混合察打交互路径优化提供精准依据。

（2）计算资源与通信带宽评估

在元宇宙开展训练过程中，精确衡量计算资源与通信带宽，是构建高效人机交互路径的核心步骤。训练元宇宙包含众多虚拟场景的渲染、复杂算法的执行以及数据的实时交换，对计算资源和通信带宽的需求极为严苛。对于计算资源，必须实时监控训练终端、服务器和智能作战单元的 CPU、GPU 性能，内存占用以及存储空间等关键指标。在执行复杂目标识别算法和模拟攻击策略时，计算资源的恰当分配将直接影响任务执行的效率。至于通信带宽的评估，必须全面考虑网络延迟、信号干扰等潜在问题，并实时检测通信链路的带宽、延迟和丢包率等关键数据。在模拟复杂电磁环境的训练中，通信信号易受干扰，这可能导致通信带宽下降和延迟上升，因此需要及时调整人机交互策略，以保证信息传输的稳定性。通过精确评估计算资源和通信带宽，就能够为制定有效的人机交互路径提供坚实的数据支撑。

（3）自适应交互路径生成

基于意图识别模型和对计算资源、通信带宽的准确评估，机器智能能够在训练元宇宙中自适应地生成人和机器察打的交互路径。当意图识别模型确定待打击目标后，机器智能首先根据当前所有参训装备的计算资源和通信带宽情况，筛选出最适合参与察打任务的装备组合。然后，结合交互目标的特点、作战任务的要求以及训练元宇宙的虚拟环境因素，利用优化算法，如遗传算法、模拟退火算法等，生成多条可能的交互路径。这些路径充分考虑了人机智能的参与权重、任务执行顺序以及资源分配等因素。在选择交互路径时，还会实时监测训练元宇宙中战场态势的动态变化，如敌方目标的移动、新目标的出现等，及时调整交互路径，确保察打任务能够在虚拟环境中高效执行。在模拟空战的训练元宇宙中，当发现敌方战机目标后，机器智能会根据我方战机、无人机以及地面防空系统的资源状况，生成最优的协同打击交互路径，包括谁先进行侦察、谁负责主攻、谁提供支援等。

（4）人机智能参与权重分配

在训练元宇宙的自适应人机混合察打交互路径中，合理分配人机智能的参与权重是实现高效协同的核心。人工智能根据计算资源、通信带宽、响应速度、交互目标以及训练任务的难度等多种因素，为不同的任务环节动态分配人机智能的参与权重。在目标侦察阶段，由于人类士兵在复杂环境下的感知和判断能力具有独特优势，可能会适当增加人类的参与权重，让其利用自己在训练元宇宙中积累的经验和直觉，对侦察到的目标进行初步判断和筛选。在虚拟的丛林作战场景中，参训人员可以凭借对地形和环境的熟悉，更准确地判断敌方目标的隐藏位置。而在目标打击阶段，机器智能的快速计算和精确控制能力更为突出，因此会增加机器智能的参与权重，确保打击的准确性和及时性。在通信带宽有限的情况下，为了减少数据传输量，可能会让靠近目标的智能作战单元承担更多的本地计算任务，相应地调整人机智能的参与权重。

7.1.2　运用案例想定

（1）虚拟战场中的多兵种协同训练

在一次模拟的多军种联合训练中，运用了自适应人机混合的交互式攻击路径优化技术。训练的背景是一次大规模的联合登陆行动。陆军部队在虚拟的海滩上进行登陆，海军舰船提供炮火支援，而空军的战斗机则负责控制空中优势并对敌方的内陆目标实施攻击。在侦察阶段，陆军士兵使用便携式终端设备，与无人机和卫星侦察系统合作，对敌方的滩头阵地和内陆防御设施进行侦察。

意图识别模型通过分析获取的多源信息，迅速确定了敌方目标的位置和威胁等级。鉴于陆军士兵对登陆区域的地形和作战任务有更深入的了解，在这一阶段人类的参与显得尤为重要。他们对侦察信息进行进一步的确认和分析，从而标定出需要重点攻击的目标。

进入打击阶段，考虑到海军舰艇和空军战机的强大火力以及机器智能的精确控制能力，机器智能的参与权重增加。海军舰艇根据目标位置和自身武器装备性能，对敌方滩头工事进行精确炮击。空军战机则在接到指令后，迅速对敌方内陆的重要军事设施进行空袭。

通过这种自适应的人机混合察打交互路径优化策略，在虚拟战场中成功完成了联合登陆作战任务，提高了各兵种之间的协同作战能力和训练效果。

（2）模拟特种作战任务

在模拟的特种作战任务中，特种作战小队在虚拟城市环境中执行解救人质和消灭恐怖分子的任务。小队成员装备了先进的智能武器系统和通信设备，并与无人机、智能机器人进行协同作战。

在任务执行的过程中，意图识别模型通过分析战场环境数据，迅速找出了恐怖分子的藏匿地点和人质的位置。由于城市环境的复杂性，特种作战队员对当地环境和任务细节有更深入的理解，在侦察阶段人类的参与显得尤为重要。他们运用自己的经验和技能，对无人机传送的图像和情报进行分析，制定了详尽的作战计划。

在打击阶段，为了确保人质的安全和任务的高效完成，机器智能的参与变得更为重要。智能武器系统依据作战计划，对恐怖分子实施精确打击，同时智能机器人辅助特种作战队员进行搜索和清剿工作。

通过这种人机协作的混合作战方式，在训练元宇宙中成功地完成了模拟特种作战任务，增强了特种作战队员的实战技能和应对复杂情境的能力。

7.1.3　面临挑战与应对策略

意图识别的准确性：尽管意图识别模型在训练元宇宙中有了一定的应用，但在复杂多变的虚拟战场环境中，仍然存在识别不准确的问题。虚拟场景中的虚拟干扰源、敌方的电子对抗手段以及目标的虚拟伪装等因素，都可能影响意图识别模型的性能。为了解决这一问题，需要不断优化意图识别算法，增加训练数据的多样性和复杂性，特别是针对各种虚拟干扰和伪装情况进行训练。结合多源传感器数据，如虚拟雷达、虚拟红外传感器等，进行综合分析，提高意图识别的准确性。利用生成对抗网络（GAN）技术，生成各种虚拟干扰和伪装场景，对意图识别模型进行强化训练。

计算资源与通信带宽的动态变化：训练元宇宙中的计算资源和通信带宽具有动态变化的特点，这给自适应交互路径生成带来了挑战。在训练过程中，可能会出现大量虚拟场景的加载、多人同时参与训练导致的资源竞争等情况，导致计算资源和通信带宽的突然变化。为了应对这一问题，需要建立实时监测和预警机制，及时发现计算资源和通信带宽的变化情况。开发自适应的算法，能够根据资源的动态变化，快速调整交互路径和人机智能的参与权重。采用边缘计算技术，将部分计算任务下沉到靠近训练终端的边缘节点，减少数据传输量，提高系统的响应速度。

训练元宇宙中实施自适应人机混合察打交互路径优化策略，要求参训人员拥有高级技术知识和操作技巧。但目前，一些参训人员对新技术和装备的掌握不足，这可能妨碍策略的顺利执行。因此，必须强化对参训人员的培训，利用虚拟课程、模拟场景和实际操作等手段，提升他们对新技术的掌握和应用，以便在训练元宇宙中与机器智能更有效地协同作战。

在训练元宇宙的人机混合作战中，参训人员对机器智能的信任同样至关重要。若参训人员对机器智能在虚拟环境中的决策和判断缺乏信心，可能会降低人机协作的效率。为了提升参训人员对机器智能的信任，必须增强机器智能的透明度和可解释性。开发可直观展示的人机交互界面，使参训人员能够清晰地看到机器智能在训练元宇宙中的决策过程和依据，例如意图识别的分析过程、交互路径的生成原理等。通过在训练中持续验证机器智能的准确性和可靠性，逐步提高参训人员对其的信任度。

下一步，自适应人机混合察打交互可能的发展方向如下。

1）分布式作战模式下的人机协同：未来的训练元宇宙可能更加注重分布式作战模式下的人机协同训练。作战单元在虚拟环境中更加分散，作战任务更加复杂多样。在这种情况下，自适应人机混合察打交互路径优化策略需要适应分布式作战模式，实现不同作战单元之间在训练元宇宙中的高效人机协同。通过建立分布式的人机混合智能系统，各个作战单元能够根据自身在虚拟场景中的任务和资源情况，自主生成和调整人机混合察打交互路径，同时与其他作战单元进行协同作战。在模拟的分布式作战训练中，不同地区的作战单元可以通过训练元宇宙进行实时协作，共同完成复杂的察打任务。

2）构建智能化作战体系：自适应人机混合察打交互路径的优化策略，是打造智能化作战体系的关键部分。展望未来，需在训练元宇宙内进一步打造完善的智能化作战体系，将自适应人机混合智能技术与诸如无人作战技术、网络战技术等其他先进技术相结合，以实现作战体系的全方位智能化。通过在训练元宇宙中持续的演练与优化，提升军队在真实战场上的整体作战效能，以满足未来战争的发展需求。在训练元宇宙中模拟智能化作战体系的对抗，持续优化和改进作战策略与交互路径。

自适应人机混合察打交互路径优化在训练元宇宙中具有重要的应用价值，通过深入研究关键技术原理，结合实际应用案例，不断解决面临的挑战，探索未来发展方向，有望带来更加高效、智能的训练方式，提升实战能力和作战优势。

7.2　协同在线标注与动态意图识别

在复杂作战场景下，针对无法识别的目标，可支持多人在线标定，数据实时回流，赋予机器智能模型具有动态意图识别能力；针对机器智能可识别的多目标场景，可在线多人进行目标选择，辅助意图识别。

在战场智能决策系统的研究中，人机协同标注目标是一个关键问题。由于战场环境的复杂性和不确定性，可能会出现许多未知目标。对于这些目标，人类指挥员可以利用自身的经验快速判断并告知机器。机器需要在线学习这些经验，并将其泛化到后续决策过程中，最终使得机器在人类指挥员的帮助下，更好地应对未知目标，从而提高战场决策的准确性和效率。

7.2.1　人机协同多模在线标注

多模在线标注的人机协同是一种机器学习策略，它结合了人类的经验和知识，以及机器的在线学习算法，共同对未知目标进行标注。通过这种方式，机器能够迅速从人类的经验中学习，并将所学应用于决策过程中，进而提升决策的精确度和效率。实现这种协同在线标注，需要人类经验的有效传递、在线学习算法的恰当实施、人机协同学习机制的精心设计，以及模型评估与优化的紧密协作。

为了高效地将人类经验传递给机器，必须将这些经验转化为机器能够理解的形式，构建和表征行为、信息和知识。这涉及自然语言处理技术，将人类指挥员的语言描述转换为结构化数据和半结构化数据，以便机器学习算法进行分析。同时，考虑到标注通常基于图像，还需考虑如何表示视觉等多模态内容。

7.2.2　在线交互式学习

在线交互式学习算法是一种能够实时更新模型的机器学习方法。在人机协同标注目标的过程中，机器需要不断地根据人类指挥员的经验进行学习和调整，对察打环节中相关任务的模型和策略进行更新。这要求在线学习算法具有较强的泛化能力，以便在面临新的未知目标时，能够迅速作出准确判断。常用的在线学习算法包括在线支持向量机、在线梯度下降法等。

为了达成人机协同标注目标，设计一种高效的人机协同学习机制是必要的。这种机制应充分利用指挥员的经验，并向机器提供充分的反馈以支持其在线学习。可能需要采用多模态信息融合技术，比如结合指挥员的语音、手势等信息，以更精确地理解意图。在人机协同标注过程中，实时评估系统性能是关键。这可以通过创建动态评估指标来完成，如在线人机协同学习模型的准确率、召回率等。根据这些评估结果，可以对模型进行调整优化，增强其在后续决策中的泛化能力。

7.2.3 动态意图解析与指令识别

察打任务中，灵活动态的指令识别是在开放复杂任务中，提升交互效率和可靠性的关键问题。其挑战在于：1）有价值的语音交互意图空间随战场态势变化存在动态性和可迁移性，难以由单一语言模型建模。2）候选指令集合规模大小的挑战。随着指令数量增多，保证高鲁棒识别将面临巨大挑战。如何在高度复杂的战场条件下实现可靠鲁棒的动态语音指令识别是期待被解决的关键问题。

可基于大语言模型等技术构建动态意图推理和指令解析技术。结合在线标注的动态上下文信息和预设察打任务指令集合，动态推理和执行融合新增知识的指令。这涉及对动态上下文信息的整合，如任务环境、用户行为、历史交互等，用于提高意图推理的准确性；对预设的察打任务指令集的可拓展性进行优化；构建动态推理和执行机制，对新增行为、信息和知识的融合与更新，对应到相应的定位、选择任务操作和具体的目标对象中。

7.3 基于智能辅助决策的人机高效协同

在错综复杂的战场环境中，人机之间的高效协同，借助智能辅助决策，已成为提高作战效能的关键之一。首先，设计智能决策辅助模块，利用智能化算法推荐方案，能够自动生成可执行的指令候选集，并推荐适当的兵力单元，帮助指挥员迅速拟定行动计划。针对任务导向的指挥，单元自主行动技术赋予前线指挥员更多的自主决策权，智能机器依据内置算法也能独立执行任务，从而减轻指挥员的决策压力。通过构建相关知识和设计高效规则，知识驱动的作战单元协同控制策略能够实现多作战单元的协同控制，发挥群体作战的优势，完成复杂任务。

然而，传统方法在多变战场存在局限性，战术指令静态难调整，无人装备自主对抗智能水平和泛化性不足。因此，人可介入的任务指令临机调整技术尤为重要，在无人装备无法自主决策的关键场景，参训人员能适时介入，确保任务顺利执行，使作战指挥能更好地适应战场态势变化。

7.3.1 基于方案推荐的智能决策辅助模块设计

面对复杂的战场环境，快速形成和当前态势、任务相关的行动计划，是智能算法辅助决策的关键基础。本节通过智能算法实现指令推荐和兵力资源推荐，进行高效人机辅助决策。

指令推荐是指在当前态势和任务背景下，在指令空间范围内，通过分析态势信息和任务进度，自动生成当前可执行的指令候选集合。兵力资源推荐是指根据当前可执行任务和指令的兵力资源，自动挑选最适合进行指令完成的兵力单元并推荐给指挥员确认。智能算法执行流程如图 7-1 所示。

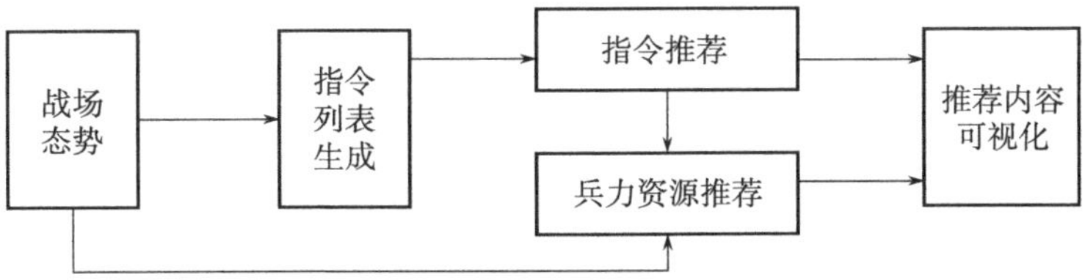

图 7-1　智能算法执行流程

（1）智能指令推荐

智能指令推荐需要根据当前态势自动生成指令序列，可采用基于知识推理的方法构建指令推荐模型以及推理规则，结合态势分析方法实现指令自动生成。对指令集合进行分层建模表示，构建层次化的指令清单和规则图谱。在指令推荐为核心的作战场景下，首步是搜集当前情势下的关键作战信息。此后，这些信息将与规则库内的条件进行匹配对比。一旦信息与规则完美对应，便直接选出相应的作战策略；若存在不匹配，便尝试进行近似匹配。对于近似匹配不达标的情况，必须立刻向高级指挥层报告并寻求进一步的指导。如果近似匹配成功并认为方案可行，便进行指令推荐。这个过程会反复进行，直到所有作战信息与规则库中的条件能够匹配。接下来，将这些推荐的指令序列与现有作战任务中的行动方案进行对比，判断是否需要调整。若调整必要，系统将根据需要自动生成并提供新的指令，以确保指令推荐的准确性和实用性。

（2）兵力资源推荐

针对资源推荐中的核心议题，尤其是军事力量的配置与提升，主要难题在于如何在众多复杂限制条件下，进行精确的资源可用性分析，并在基准方案存在与否的情况下，制定出有效的推荐策略。为攻克这些难题，首要步骤是将军事力量可用性的评估问题转变为一个多目标优化问题。在这一转变过程中，必须考虑性能匹配度、时间与地理可达性、其他任务的影响、战场环境以及后勤支持等多重约束。利用智能优化技术，如遗传算法、粒子群优化和神经网络算法，可以在满足这些约束的前提下，挑选出最适宜的军事资源。

针对资源推荐具体任务，其核心在于如何高效地提取和组织不同类型的要素，以便为类似任务推荐最适合的资源。通过运用层次分析法，构建资源-能力网络图谱，可以将相似要素合并，并将相关要素分类为综合要素，进而准确提取出所需的资源类型和数量。而在没有参考方案的情况下，推荐过程需要依据作战目标和任务要求来设定约束条件和评价函数。结合对资源可用性的深入分析，通过智能算法解决推荐模型，最终形成一个精准的资源推荐列表，突出资源推荐的核心价值。

（3）推荐内容可视化呈现

在设计可视化界面时，需要着重于确保推荐指令的明确性和快速呈现，以便于作战人员能够迅速作出决策。这包括为指令创建简洁的图标、简明的说明和易于操作的选择方式。为了确保用户体验的顺畅，必须开发出高效的模块工具，负责处理用户输入、算法推荐结果以及指令的最终输出，保证前后端通信的迅速和稳定。

系统性能将在真实场景中进行测试，以评估推荐的准确性以及系统响应时间等关键性能指标。通过搜集试用者的反馈，不仅能持续改进算法和界面设计，提高用户操作效率，还能建立一个反馈循环机制。该机制通过分析用户对推荐指令的选择和评价，进一步训练和优化推荐算法。这种循环机制确保系统能够持续学习和进步，适应人类需求的变化，最终实现一个智能化且用户友好的指令推荐系统可视化展示模块。

7.3.2　面向任务式指挥的单元自主行动

“任务式指挥”指的是，在地面一体化作战行动中，指挥员利用任务式指挥来施加权威和指导，确保领导者在遵循指挥员意图的同时，能够灵活应对并保持作战纪律的主动性。简而言之，上级指挥员仅需发布任务指令，不指定具体执行方法和步骤，仅明确任务目标和目的，不详细说明执行细节，从而给予前线指挥员更多的自主决策空间。

而对于智能机器，如无人机、无人车来说，任务式指挥则是在给定结构化数据的前提下，通过调用自身内置算法来快速自主地执行任务，以实现指挥员所希望达到的目标，充分利用自身优势，降低指挥员的决策负担，缩短决策周期，使得指挥员将精力更多聚焦于机器所无法考虑的地方。

在此将实现路径规划算法以及火力分配算法。

(1) 路径规划算法

路径规划算法流程如图 7－2 所示。

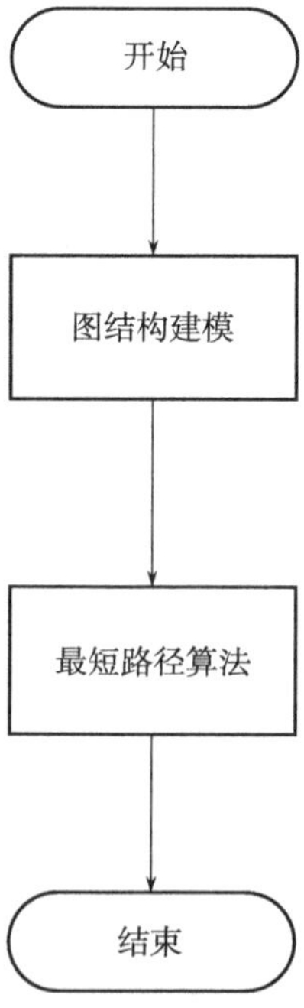

图 7－2　路径规划算法流程

该部分主要是将平面图结构化为数据结构中的图结构 G，是由顶点的有穷非空集合和顶点之间的边的集合组成，通常表示为 $G(V, E)$，其中 V 是图 G 中顶点的集合，E 是图 G 中边的集合。

平面图中，将每一个路口都建模为一个顶点 V，路口之间可以直接相连，则在两对应顶点之间构成一条边。

由于环境的复杂性，因此对于边的权重 $e(u, v)$ 不仅要考虑两顶点之间的距离 $d(u, v)$，还需要考虑顶点之间的道路情况。

因此，对于不同的道路环境，设置不同的权重 $w(u, v)$，例如对平稳路况设置较低的权重，而对颠簸甚至残损的道路设置较高的权重，从而保证边的权重 $e(u, v)=d(u, v)\cdot w(u, v)$，与实际的行走代价相吻合。

最短路径算法基于贪心的单源最短路径算法，适用于没有负权边的图结构。

将图中顶点集合 V 分为两组，一组为已经求出最短路径的顶点集合 S，另一组为未确定最短路径的顶点集合 U，按照最短路径长度的递增次序一次将顶点集合 U 中的顶点添加到顶点集合 S 中，保持从源点到 S 中各顶点的最短路径长度不大于从源点到 U 中任何顶点的最短路径长度。具体步骤如下。

1）初始时，S 只包含源点 v，即 $S=\{v\}$，v 的距离为 0。U 包含除 v 外的所有顶点。若 v 与 U 中的顶点 u 存在边，则 $e(u, v)$ 存在值，否则置为无限。

2）从 U 中选取距离 v 最近的顶点 k，加入 S 中，进行更新。

3）以 k 为中间点，修改 U 中各顶点到源点 v 的距离，若小于原先值则进行更新。

4）重复步骤 2）和 3）直到所有顶点都在顶点集 S 中。

重复后，即可得到从源点 v 到达所有可到达顶点的最短路径树。

（2）火力分配算法

火力分配算法流程如图 7－3 所示。

将当前智能体可选的武器集合设为 U，而将目标集合设为 V，便可根据武器集合中的每个元素 u 能否攻击目标集合中的元素 v 来构造二分图。

同时，考虑到二分图中两个集合中的点不总是相同，为了能应用 KM 算法解决二分图中的最大权匹配，需要先将两个集合中顶点数量较少的补点，再将不存在的边权重设置为 0，从而将问题转化成求最大权完美匹配问题，从而能应用 KM 算法求解。

KM 算法用于求解二分图最佳匹配问题。首先涉及完备匹配的定义，完备匹配是指 U 中所有的点都能与 V 中的某一个点匹配成对，也就是一方的点已经完全匹配。

设 M 是一个带权二分图中的完备匹配，给每一个点赋予一个顶标，如 u 的顶标为 $lx[i]$，v 的顶标为 $ly[j]$，若对任意边 $e(i, j)$ 都有 $lx[i]+ly[j]\geqslant W[i, j]$，其中 $W[i, j]$ 表示边 $e(i, j)$ 的权重，若对于所有的 (i, j) 对都存在 $lx[i]+ly[j]=W[i, j]$，那么证明 M 就是一个最佳匹配。其具体步骤如下。

1）利用匈牙利算法进行匹配，只有满足 $lx[i]+ly[j]\geqslant W[i, j]$ 的边能建立匹配。

2）若无法找到完备匹配，更新顶标。

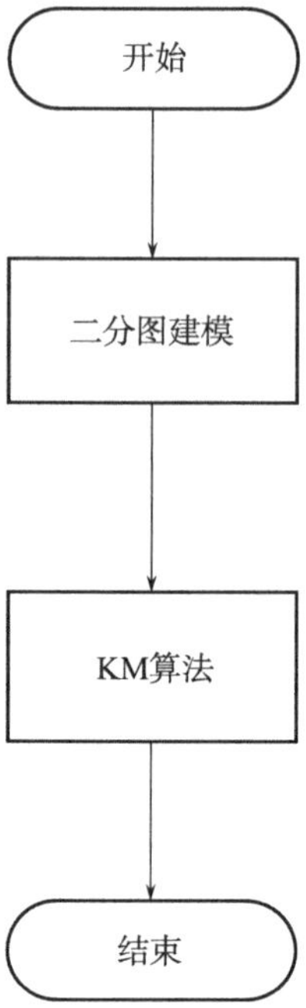

图 7-3　火力分配算法流程

3）重复步骤 1）和 2）直到找到最佳匹配。

匈牙利算法的步骤如下。

1）初始化空匹配。

2）对于每个未匹配顶点，尝试为该顶点找到一条交替经过未匹配顶点与已匹配顶点的路径。

3）如果找到了，则将原先的匹配边改成非匹配边，将原先的非匹配边改成匹配边，从而使得总匹配数量+1。

4）重复步骤 2）和 3）直到无法找到新的增广路径。

通过执行 KM 算法，得到最佳匹配后，即为武器集合与目标的最优匹配。其中权重可以根据任务目标需求预估，如有效杀伤效果、致死率、致残率等指标。

7.3.3　知识驱动的作战单元协同控制策略

多个作战单元的协同控制会形成集群优势，可以用来完成在复杂对抗环境下的协同侦察、协同攻击、协同围捕、协同察打等任务。多无人作战单元的协同控制涉及任务分配、资源分配等能力，基于知识驱动的方法形成对作战单元的快捷协同控制，重点包括如何通过构建与单元控制、协同有关的知识来进行协同；如何设计高效的知识规则方法实现协同配合，通过实现态势感知、任务分配、资源分配等能力支撑各类协同任务（见图 7-4）。

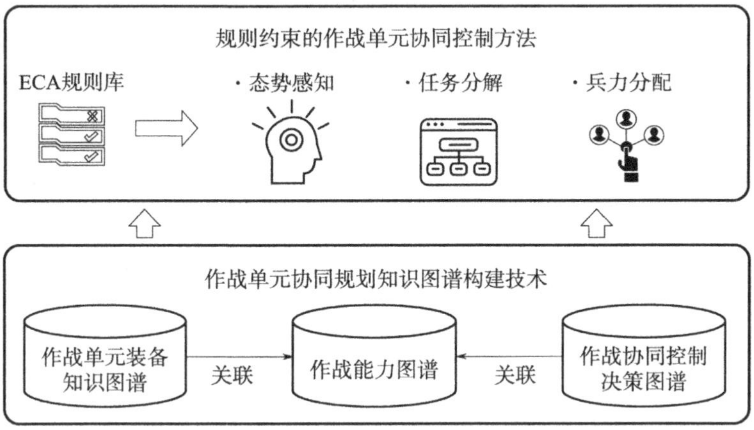

图 7-4　知识驱动的作战单元协同控制技术框架

(1) 第一阶段：作战单元协同规划知识图谱构建技术

针对作战单元协同规划需求，可将任务执行的影响要素，如作战单元、任务目标、可执行任务、作战能力、作战规则等进行建模，构建作战要素形式化表达模型、要素之间复杂的关联关系，即形成作战单元协同规划的知识体系，并以三元组知识的形式构建为作战单元协同规划知识图谱，智能辅助决策的方案推荐提供知识支撑。

作战单元协同规划图谱包括三方面的知识构建：作战单元装备知识图谱构建、作战协同控制决策图谱构建、作战能力图谱构建。知识图谱的构建有两种方法，一种是自顶向下，即先构建一个完善的知识体系，再将知识填充到这个知识体系中；另外一种是自底向上，即在知识抽取的过程中，自动扩充和构建知识体系。知识体系的知识专业性强且相对稳定，因此适合采用自顶向下的方法构建。

首先是构建作战单元装备知识图谱。装备知识图谱刻画了任务行动的参与主体，因此建模时需要建模作战单元装备的种类、型号、设备特性等信息。结合专家经验和领域需求，构建作战单元装备知识本体，定义装备概念和实体所具有的属性以及概念之间、实体之间的语义关系。本体构建后，从作战单元装备用户手册等自然语言文本中，抽取出作战单元特定的事件或事实信息，帮助将海量内容自动分类、提取和重构。这些信息主要包括装备的实体（Entity）、关系（Relation）。相关的信息抽取主要包括命名实体识别（NER）、关系抽取（RE）等。

其次是构建作战协同控制决策图谱。为更好地支撑装备作战协同控制，作战单元装备知识静态图谱还远远不够，需要构建作战协同控制决策动态图谱，用于支撑解决多作战单元作战决策的判断依据问题。作战协同控制决策知识图谱汇集无人作战流程、装备控制流程、协同方法、作战方法等。采用分层设计，包含多层级节点，分行为节点、要素节点、中心节点、从属节点等。行为节点又细分为控制节点和行动节点，与行为树的结构做一一映射，为图谱构建行为树提供支持。中心节点连接要素节点及行为节点，要素节点连接从属节点。从属节点只与要素节点连接，用于决定要素节点的取值判断。条件边上有三种属性，适用、key、value。适用属性确定当前从属节点适合哪种场景。key 属性用于接收态势关键字，可决定当前要素节点选择。value 为权重属性，可以通过计算权重选择最优路径。依据这三种属性，来完成要素节点在不同态势情况下的值的选择。依据决策图谱，能自动生成行为树。

最后是构建作战能力图谱。作战能力图谱刻画了特定任务领域的能力结合，以及能力与装备、能力与任务之间的关联关系。能力与装备的关联关系表现为装备能提供或者具备的能力，能力与任务之间的关联关系表现为遂行该任务所需要的能力需求。因此，通过能力图谱，可以将任务-资源的可分配关系表示出来。

（2）第二阶段：规则约束的作战单元协同控制方法

在作战单元协同规划知识图谱构建的基础上，通过设计规则知识用于作战单元协同控制。面向规则知识约束的作战单元协同控制，用于指导战场态势感知、任务决策、兵力分配等功能。通过设定不同作战行动的规则应用场景和适用界限，利用作战单元协同规划的知识图谱，可以规划出多样化的作战任务，并为这些任务分配恰当的作战单元和作战条令。

ECA 规则，即“事件-条件-动作”规则，是目前广泛使用的规则之一。依据 ECA 规则实施作战单元协同控制，通常采取的策略是在事件发生时，使用事件监视器捕捉该事件，随后根据 ECA 规则进行条件判断，选取适当的行动。例如，当侦测到敌方导弹攻击时，依据双方的距离和角度等因素，执行相应的战术规避动作。

此外，不同的作战单元在作战任务划分时，遵循以下若干个原则。

原则 1：作战目标原则。目标单位有多种类别划分，包含空中目标、地面目标和水面目标等。依据威胁程度划分又可以分为一般威胁目标、较高威胁目标以及特别威胁目标等。不同目标应对不同作战规则。

原则 2：作战区域原则。作战区域有预定作战区域及可能作战区域，可以通过划分任务区域来限定作战区域亦可在实际战场态势下通过速度等因素预判作战区域。例如，通过预警巡逻区域划分来限定相关区域可能的冲突。

原则 3：作战空间原则。不同空间之间的作战规则存在一定的差异性，如陆、空环境等不同空间的作战规则差异。

原则 4：作战时间原则。完整的作战包含很多阶段，不同阶段之间的规则亦存在一定的差异性。例如，空战可能存在的巡逻、打击、支援等不同时间段规则。

7.3.4　人可介入的任务指令临机调整

传统方法在处理复杂多变的战场环境时，往往难以进行准确的泛化。由于缺乏对具体场景的细致考虑，传统方法可能无法有效适应不同的战术需求和敌方威胁。同时，传统方法的战术指令通常是静态的，无法根据战场情况的实时变化进行调整。这可能导致战术指令与实际需求不匹配，无法适应快速变化的战场态势。战场态势具有高动态、强对抗等特点，传统方法仅通过预设任务无法完成，通常需要面临非常多的临时性对抗任务。目前无人装备自主对抗存在实际应用中智能水平不佳、泛化性差等问题，导致无人装备无法自主完成任务，且任务过程中不确定或关键决策场景必须要参训人员适时介入决策。

例如，指挥员通过全局态势信息观察到突袭分队接近侦打一体无人车，企图破坏立体突击组中的核心力量。通过指挥系统直接切入前端侦打突击无人车的控制权限，调整其火力指向与打击目标，对所发现的突袭分队高效打击。为了提高战术指令的适应性和实用性以及提高人机混合的作战任务决策能力，以应对复杂多变的战场环境，可采用场景的临机指令微调方式和人可介入的临机任务序列干预方式。

（1）构建系列指令集合

根据特定战场环境的需求和状况，临机指令微调技术要求对既定战术指令进行细致的调整。此技术涉及对战场需求和状况的分析，以挑选出与特定场景相适应的战术指令。接下来，根据实际状况对指令进行微调，以确保其合理性和有效性。这包括调整指令的执行顺序和具体细节。结合场景的临机指令微调技术增强了战术指令的灵活性和适应性，使其更有效地应对复杂的战场环境和敌方威胁。通过实际状况的微调，指令更贴合实际需求，提升了战术执行的成效和效率。该技术能够协助参训人员在迅速变化的战场条件下作出精确和及时的决策，并根据需求进行相应的调整和优化。

具体来说：1）面向常规环境的预设战术指令设计：基于常规的战术指令和流程，设计一套预设的战术指令。这些指令可以按照不同的战术阶段和情况进行分类和组织，形成一个初始的指令库。2）基于检索的场景匹配与指令选择：根据当前战场环境的需求和情况，从预设的指令库中选择与场景相匹配的指令。考虑战术需求、敌方威胁、地形条件等因素，选择最符合实际情况的指令。3）面向实时场景的决策和指令更新：根据战场态势的实时变化，对指令进行动态更新和调整。通过感知系统和情报获取最新的战场信息，根据需要进行相应的指令微调和更新，以确保指令与实际需求相匹配。微调过程中要充分考虑实时性、适应性和灵活性，以确保指令的合理性和有效性。

（2）实时获取场景的数据感知

借助实时态势数据的获取，能够迅速掌握对手的行动与布局，同时识别出潜在的威胁与危机，以便提前采取防范措施和准备。建立感知系统与数据采集装置，目的是捕捉实时的环境信息及任务执行状况，这涵盖了传感器、监控器、通信网络等设备。实时感知与数据采集为后续干预决策提供了精确的数据支持。运用数据分析和机器学习技术，对过往数据进行深入分析，并构建预测模型以预测未来事件或结果。这些模型有助于决策支持，揭示可能的结果与风险。

（3）人机任务指令调整

将人类和机器的优势结合起来，充分发挥机器的智能优势和人的经验思维优势，以实现更加高效、准确和可靠的临机对抗。当参训人员与无人编组协同过程中，由于参训人员无法完全被单个任务占据所有精力，那么需要探索无人装备能够在不确定场景下主动向参训人员请求帮助以及如何请求帮助。

无人装备要判断自己是否在当前场景下，主动请求并提醒参训人员介入进行指导并决策，让人更高效更简单地回复机器提出的问题，比如给出候选方案、给出目前场景描述等，让人快速理解当前情境，并给出问题的回复，其核心目标是确保指挥员或操作人员与系统之间实时、高效地互动，从而充分利用人类的经验、直觉和判断力，与系统共同完成任务序列的干预。这一过程不仅需要技术上的支持，还需要考虑到人类心理、认知和情感等方面的因素。

具体来说：1）基于实时数据的干预决策制定与执行：利用传感器获取的实时数据，可以通过基于预设的规则、优化算法、机器学习等技术，来制定干预指令，同时确保干预决策的准确性和有效性。之后根据干预决策，对任务序列进行实际干预执行，包括中断、调整、重新排序或添加新任务等操作。2）人机协同和交互：在干预过程中，实现有效的人机协同和交互，包括指挥员或操作人员与系统的实时交互、决策反馈和调整确认等。通过多通道的人机交互，可以充分利用人的经验和判断力，与系统共同完成任务序列的干预。同时，还允许机器向人类的决策进行反馈，从而方便对人的行为评估和临机调整，以确保决策的合理性和有效性。

第8章 虚实一体智能协同

随着元宇宙技术在军事训练领域的深入应用，实现虚拟与现实的无缝对接，让参训人员在模拟环境中体验到与真实战场无异的沉浸感，是提高训练效果的核心。虚实结合的智能交互技术，作为这一变革的关键推动力，为军事训练拓展了全新的视角。

这项技术突破了传统训练模式中虚拟与现实的界限，将数字世界与真实场景紧密相连。通过训练元宇宙虚实交互常见方法，能够精准地模拟出各种复杂的战场环境，让参训人员仿佛置身于真实的战斗之中；虚拟作战训练扩展现实及跨域协同，则进一步拓展了训练的空间和维度，实现不同地域、不同层级的军事角色在同一虚拟空间中协同作战训练；智能数字人行为建模为虚拟战场增添了丰富的动态元素，使得训练场景更加逼真和具有挑战性；而多模态大模型下具身智能协同更是将虚拟和现实进一步深度融合混成，形成虚实智能体的人机紧密协同。

本章将从训练元宇宙虚实交互常见方法、虚拟作战训练扩展现实及跨域协同、智能数字人行为建模、多模态大模型下具身智能协同等方面，深入探讨虚实一体智能协同接口的各个关键技术点。

8.1 训练元宇宙虚实交互常见方法

对于训练元宇宙系统而言，虚实交互的常见方法主要有沉浸式交互技术、面向虚拟战场的虚拟人仿真、人机交互技术、物理仿真技术等。

8.1.1 沉浸式交互技术

构建基于用户数字化身建模与驱动的沉浸式交互系统，实现用户在元宇宙中的沉浸式交互。具体路径为用户的数字化身建模和数字化身的多模态驱动。

(1) 用户的数字化身建模

给定拍摄用户一段动作的多目或单目视频，预处理获取人体前景分割以及人体位姿后，利用SMPL等参数化人体模型将视频中的动态人体变换到特有的统一的基准坐标系，并在标准坐标系下利用神经辐射场技术（NeRF）重建静态人体几何与颜色，辅助以人体位姿驱动的小范围神经形变场，重建输入视频中特有的衣服或复杂小范围形变。最终利用隐式表示的多边形化算法以及三角形网格优化算法获得用户的可驱动三角形网格表示。

具体而言，神经辐射场通过基于坐标输入的多层感知机（MLP）将静态场景表达为一个连续的体表示。它通过将用户数字人化身的基准坐标系表示表达为一个体密度和颜色坐标的多层感知机，以及在形变坐标系的人体位姿输入小范围的多层感知机，并利用人体参数化模型提供从形变坐标系至世界坐标系的坐标映射。

利用体渲染算法建立基准坐标系下空间点性质（体密度、颜色、形变）与用户输入视频中前景像素点的联系，基于神经网络优化算法，对视频中前景像素点的颜色和通过上述映射关系与体渲染算法获得的像素颜色建立损失函数，可以获得该用户的隐式数字人表示。

由于可以通过 SMPL 控制世界坐标系与形变坐标系间的坐标映射关系，所重建的数字化身是一个可驱动的数字隐式表示。为了获得受到当前渲染管线硬件支持更好、运行效率更优的三角形网格，可在基准坐标系下的体密度坐标多层感知机上运行多边形化算法（如 Marching Cubes），以获得基准坐标系下的高质量数字人体表示。

为了获得可通过人体位姿驱动的三角形网格，首先通过网格形变的优化算法将形变坐标系下的小型位移场显式处理，投影成多个由权重参数控制的组合形变（Blend Shapes），接着利用基准坐标系下参数化人体模型的蒙皮权重对基准坐标系下数字人化身的各个顶点提取蒙皮权重，并利用骨骼蒙皮动画进行大型形变驱动。

（2）数字化身的多模态驱动

给定重建得到的数字人化身，可利用多模态数据中提取的人体驱动信号控制数字人的位姿、表情、体态等，举例如下。

1）给定另一段单目视频输入，可通过单目动作捕捉算法获得视频中的人体位姿，通过该人体位姿驱动数字化身，可获得与该单目视频中所出现的人体一致的人体驱动效果。

2）给定一段文字描述，可通过基于生成模型的人体位姿生成算法将文字表述转换为可应用于数字化身的人体位姿数据，并利用所生成的动作序列驱动数字人，即可获得与语言描述所吻合的人体驱动结果。

3）给定一段语音，可通过将语音信号整合到人脸小型形变场的输入信号来实现基于语音的数字人面部表情驱动。

8.1.2　面向虚拟战场的虚拟人仿真

基于士兵行为的仿真生成构建虚拟战场环境，以服务于士兵训练与战况推演。技术路径为：对于士兵格斗训练，首先需要对士兵的动作序列进行数据收集来训练士兵的动作生成模型。训练该模型的数据需要包括士兵的跑跳、格斗、使用枪械等动作数据。这些动作数据以 SMPL 等参数化的人体模型的形式储存。在收集了大量士兵的动作数据的基础上，可以训练一个自回归的深度网络模型来生成单人的动作，以方便士兵和虚拟士兵进行格斗训练等。

具体而言，自回归网络使用混合专家模型（Mixture of Experts，MoE）的技术，用多个 MLP 来搭建，能够建模复杂的运动数据。网络的输入包括虚拟士兵自身的动作、拟对抗的对手的动作和周围场景的 voxel 表示。网络的输出为虚拟士兵在下一时刻的动作。基于收集的人体动作数据，能够对预测的动作建立 L2 损失函数来进行优化，使得网络能够预测合理的动作。该网络能够通过输入当前时刻的数据，预测下一时刻的动作，再将预测的动作又一次输入网络中，实现循环生成进而能够源源不断地得到合理的人体动作。

利用此模型，士兵能轻松进行格斗技能的练习。通过练习多样化的格斗风格模型，士兵能够有效地强化自己格斗技能的不足之处。此外，士兵还能通过练习不同种类的动作模型来改善自己的动作。这些模型同样具备一定的泛化性能，能在新的环境中提供恰当的动作方案，便于士兵在不同情境下进行模拟训练。

在进行大规模战场模拟时，必须收集足够的战事演变数据。这些数据应涵盖大型场景的三维模型、不同阵型的移动与变换数据，以及不同武器的使用和战术决策变化等信息。场景数据以点云形式存储，移动和变换数据用 xy 坐标具体表示，而武器使用和战术决策则用 one - hot 标签来标记。

基于这些数据，能够借助扩散模型为代表的生成模型来推演未来战况演变。该扩散模型使用 Transformer 来对多种模态数据进行建模。该模型的输入包括三维场景的点云或 voxel 表示，已知过去的队伍变化数据，包括移动、决策等，网络的输出则是队伍在未来需求时间段内的移动和决策变化等。可通过收集到的数据和预测之间的 L1 损失函数来优化模型。

基于此模型，可以实现对未来一定时间内的战况进行预测，从而有针对性地改变当前的部署。此外，该模型也能基于用户新的变化来修改预测，实现和用户博弈的需求，能够帮助用户不断优化决策。同时，这一模型也可以用来帮助用户进行决策，提供数据驱动的比较合理的决策推荐。

8.1.3　多通道人机交互技术

人机交互技术主要探讨的是如何实现计算机通过多种感官与人类进行交流，即利用文字、语音、视觉、动作、环境等多种手段进行人机交流，以充分模仿人与人之间的交流方式。这种交流方式顺应了机器人类产品的形态特征和用户期望，突破了传统 PC 的键盘输入和智能手机的触摸式交互模式。

通过融合手动、眼动、头动等多通道交互输入，提高对复杂战场态势的定位和瞄准的能力。重点研究融合头眼联合注意力的目标定位技术、融合手部多空间感知自然瞄准的技术、融合多通道交互的多维察打意图识别。

在运动战的过程中，不论车载端的操作终端还是移动端的操作终端，都存在颠簸、晃动的问题，使得对无人装备进行控制、对察打目标进行定位更加困难。另外，战场信息具有复杂性、多样性、动态性的特点，察打目标的定位和瞄准任务要求高实时性和高响应性的压力，基于图像信息的定位和瞄准面临着巨大的认知负担，导致人工决策和执行速度慢、容易发生失误。因此进行重点目标高效定位具有必要性。

在无人装备操作领域，人类智慧的介入尤为关键，通过眼动追踪技术，可以在人类操作员观察态势过程中进行自然注视行为的同时，对重点目标进行选择，能够显著提高目标选择的效率，降低误差率，同时增强系统的鲁棒性。通过眼部视线追踪，操作人员能够快速在大量目标中迅速而准确地选择出多个关键目标，进行察打目标的定位，解决了“选得快”的问题，确保系统在复杂多变的环境中具备更强的适应性和应对能力。同时，对于基于图像信息的目标分割未识别到目标，也可以利用眼动追踪技术提取出的视线特征进行交互意图识别，从而进行未识别目标准确标注，解决了“选得准”的问题。

8.1.4 物理仿真技术

物理仿真技术是基于物理学等理论知识，在计算机进行虚拟运算的过程中，能够按照真实系统的物理性质构造相应物理模型，如刚体碰撞、流体力学、电磁学、材料力学等特性，进而通过参数化的运算在虚拟世界中还原真实世界中的物体行为逻辑，从而达成一致性结论。通过物理仿真技术，可以发挥计算机的算力优势，帮助众多领域快速获得仿真结论。

元宇宙中的物理仿真技术通过虚拟环境中的物理模型，实现了对现实世界物理现象的真实再现。这些技术的扩展和应用可以极大地提升元宇宙的沉浸感和互动性，以下是一些关键的扩展领域和应用。

1）数字孪生技术：数字孪生是指在虚拟空间中创建一个与现实物体或系统相对应的数字模型。通过实时数据同步和高保真度的映射，对物理系统进行实时监控，预测其未来行为和性能。对复杂系统的仿真，如军事装备、航空航天器等，通过数字孪生进行高可信度的试验和仿真，降低实际操作风险和成本。

2）虚拟现实补偿和沉浸式体验：通过增强用户与虚拟环境的互动性和沉浸感，物理仿真技术可以显著提升元宇宙的用户体验：其中，触觉反馈方面，可利用微机电系统（MEMS）和超声波技术提供真实的触觉反馈，使用户在虚拟环境中感受到物体的质感和力反馈。全身传感器方面，可通过全身传感器捕捉用户的动作和姿态，实现更加自然和直观的交互方式。

3）物理仿真技术的应用：作战仿真和推演，通过高保真度的作战仿真推演，支持军事决策和战术创新，预测作战系统或方案在实战中的表现。构建逼真的仿真环境，用于实兵训练和演练，提升训练效果和实战能力。利用元宇宙技术，实现指挥所的物理去中心化和效果中心化，通过虚拟环境中的集中控制，提升作战指挥的灵活性和安全性。

8.2 虚拟作战训练扩展现实及跨域协同

当前扩展现实技术主要以可穿戴终端设备运行为主，因此终端侧的处理技术尤为重要，为实现未来能够全面支撑元宇宙环境训练，能够媲美真实环境实战的体验感，就扩展现实技术在元宇宙开展训练时跨域交互方面的应用关注以下方向。

1）跨域数据的跨时间、跨空间、跨兵种、作战环境的动态变化数据、参训人员的生理机能及心理机能的数据互联互通，实现多源数据融合的数据链化，搭建时间矩阵化、空间网格化、数据叠层场景化的作战跨域数据链。

2）充分运用多源数据融合处理，依托现有的作战想定、仿真推演等成熟功能和服务，开展典型作战场景虚拟作战训练环境的构建，实现单兵作战训练及多兵种训练的不同作战环境和场景的动态转换。

3）通过创新技术手段优化空间权重矩阵构造算法，消除使用时间、用户自身条件和行为造成的空间累计误差对多人协同服务产生的影响，最终实现空间定位准确性和稳定性。在实现多人单组协同的基础上，也可实现多人多组跨空间、跨时间、跨兵种的“真身＋虚拟身＋机械身”的三身跨域协同。

主要研究内容之间的关系如图 8－1 所示。为实现未来全面支撑虚拟环境训练能够媲美真实环境实战的体验感，需要研究虚拟作战训练增强现实及跨域交互技术，探索多源大场景二三维融合增强现实技术、元宇宙多视角智能交互技术、算网一体和组网跨域人机交互技术，提升多角度视觉增强、可视化的智能交互和分布式跨域协同交互体验。

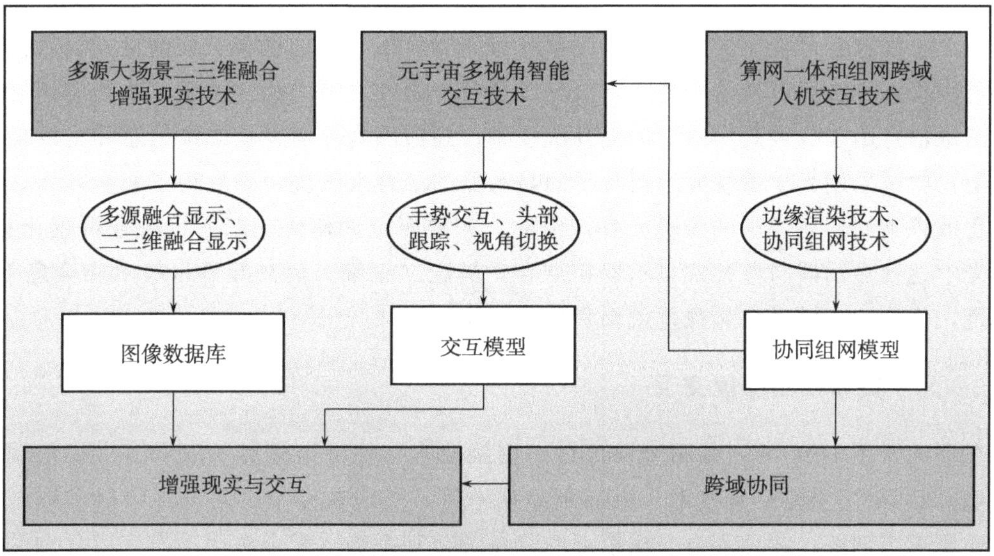

图 8－1　虚拟作战训练增强现实及跨域交互技术

8.2.1　多源大场景二三维融合增强现实

当前军事训练沉浸感方面存在不足，有两大原因。一是现实条件下，不具备制造真实战场环境的条件，各级指挥员和操作手无法真实面临战场中的复杂威胁条件，难以对战场的残酷环境产生一定适应力。二是传统的模拟训练系统主要在于装备操作训练层面，难以使参训人员融入真实战场环境，使其真正产生战场高强度、高风险作战导致的心理效应。

元宇宙增强现实技术，具备高保真、高还原、高沉浸的特点，在训练元宇宙中，采用大小场景增强现实技术、多源融合增强现实技术以及二三维融合可视化技术，能够通过低延迟和临场感给参训人员充足的沉浸感和体验感，让他们产生一种“共同的具身在场感”，从而充分认识战场、熟悉战场、了解战场。

在大小场景增强现实能力方面，训练元宇宙要求军事训练场景高保真、高还原、完全沉浸式体验，但是当前 VR/AR/MR 终端设备自身渲染能力非常有限，远不及高性能的个人计算机，所以为了兼顾 ATOM 处理器和本身的性能，设备厂家一般会对应用程序的大小进行限制。但是训练元宇宙是一个大场景、高并发量的沉浸式军事训练系统，因此需要研究同时适用于高并发量的大场景，以及小型场景的增强现实可视化技术。研究大场景增强现实技术将全部渲染计算、图形处理、数据解析交由云服务端计算完成，最后云服务端将计算后的全息影像以帧的形式传递给元宇宙设备终端，而元宇宙设备终端只负责训练场景增强现实，以及对参训人员交互信息的捕捉并实时传送给云服务端。

在多源融合增强现实技术方面，训练元宇宙要求能够高真实度地显示多源数据融合后的军事训练场景。因此，如何将多源融合后的训练场景在元宇宙终端设备中显示，如何保证其在训练元宇宙中场景的真实性，是否能够达到实时融合、实时渲染、实时显示，是研究的重点。

在二三维融合可视化方面，要求设备能够同时显示三维信息和二维信息，二维信息用于使首次参训人员可以轻松掌握整体概况以及各个组件之间的相互关系，改善总体理解情况，三维信息用于提供真实感受，提升沉浸感。当前国内外学者在二维信息和三维信息的结合上，尝试采用光学透视显示器与平面显示器的结合来解决，并取得了初步效果，但是可视化效果不好，还会影响人机交互，因此，需要研究如何优化二三维融合可视化技术，采用光学透视显示器与壁挂式显示器相结合，搭配二三维人机交互显示技术和全息 UI 设计规范，优化二三维融合可视化效果和交互体验。

8.2.2 元宇宙多视角智能交互

在训练元宇宙中，1）采用全视角自由切换技术，使得指挥员可以从多个视角观察战场环境；2）采用手势交互技术、头部跟踪技术等，实现在元宇宙的世界中射击训练姿势深度还原现实训练，参训人员与虚拟训练装备的交互手势，配合头部动作完成复杂的军事训练；3）采用元宇宙虚拟手交互碰撞力觉生成和反馈技术，实现参训人员在训练元宇宙中的物理碰撞和动态交互感。

在全视角自由切换技术方面，训练元宇宙要求能够自由切换视角查看战场环境，包括上帝视角、测站视角、自身视角、地球视角、卫星视角、目标视角等。研究利用空间坐标系同步和坐标系转换的方式，来切换坐标系，达到自由切换视角的效果。

在手势交互方面，当前仍存在手势误操作、手势识别深度不够精确、抓取物体失败等问题。因此，需从优化手势识别算法、手势跟踪算法等方面入手，优化手势交互的准确度以及沉浸式体验。

在头部跟踪方面，当前的 VR/AR/MR 设备终端，均存在跟踪精度与速度的问题，即头部需要缓慢移动，否则虚拟训练场景会出现“暂时丢失”以及坐标系不同步（多人协同情况下）的情况。因此，需从优化设备通信、网络带宽等方向来尝试。

在虚拟手交互碰撞力觉生成和反馈技术方面，目前市面现有设备具备一定的弱碰撞反馈能力，当手要穿模时会有一定的阻碍感。在训练元宇宙中，要求训练情况感受尽可能真实，尽可能将射击给操作员带来的震动、冲麻感体现出来。因此，采用考虑摩擦的虚拟手交互碰撞力觉生成和反馈方法，以让参训人员手指感受到逼真的冲击。

8.2.3 算网一体和组网跨域人机交互

在传统的虚拟作战训练中，单个作战域和单个军种的研究较多，受限于硬件性能和网络条件，全息体验在现有军事训练中也是处于初始阶段，即使存在延迟，但正是其整合之前探究潜在障碍的理想时机。依托扩展现实技术构建的虚拟训练系统需要具备可扩展性和满足既定目标，即作为下一代跨域态势感知工具和高分辨率的数字传感器，以提供一个单一平台，提供参训人员感知、决策、目标获取和目标交战能力。这就要求虚拟作战训练系统重点不能放在单兵级别，而是必须扩大到指挥员直至营和旅的作战单位。

具备支持指挥员的能力和更高梯队的可扩展性，是虚拟作战训练系统成功用于作战训练的关键。未来具备这样的功能，实时跨域作战信息聚合的优势可以构建作战图景，从而实现多域作战、更短的决策周期以及跨域资产的快速衔接。基于上述构想，需要考虑以下几个技术层面的问题来确保研究方向持续在轨：同一视角下的信息化可视和信息流互动共享；作战数据的验证及界面操作权限分配。

同一视角下的信息化可视和信息流互动共享主要是实现多人在同一虚拟环境中的空间锚点共享、多人控制同步、数据信息协同。为保证空间虚拟物体位置的一致性，一旦空间锚点位置确定，必须将其传递给其他在线的客户端，以便同步各客户端全息影像在真实空间中的位置。跨域作战训练会涉及远程多人协同，这对通信链路的依赖性大、对通信质量的要求高。

系统作战数据的验证要求系统能够获得并呈现数据的确定性和可靠性，并能够根据每个参训人员的经验水平调整数据。在多任务或多角色训练中，系统能够学习并全息呈现参训人员的主要任务，通过获取作战目标并分解相应的任务要求，使其界面可以灵活地支持不同任务。在发生未知事件的情况下，界面需要有意识地进行调整，考虑系统分发显示信息的级别，为不同类别的角色提供单独或专门的视图，避免造成感官超负荷和视觉混淆，降低训练效果。

因此，需要攻关边缘渲染技术与协同组网技术，在服务器上对数据进行预处理，通过无线串流方式，基于分布式的前提，借助边缘计算能力，将算法数据和场景内容做关系绑定，并下发到端侧，这样从边缘节点到播放终端，是点对点的实时传输的操作边缘服务框架、网络协议、端侧交互引擎、边端调度系统、应用开发工具链。基于部署网络环境与网络信号接入，将设备扫描的空间锚点通过网络与协同服务器通信，在协同服务器上进行全系重构，协同服务器再通过网络将重构影像回传至各个设备，实现多人共享同一空间场景的能力。

8.3 智能数字人行为建模

目前，虚拟数字人技术主要包含两条主要技术路径，一是3D建模/CG技术，二是AI驱动技术。智能数字人行为建模技术能够集合两条技术路线的优点，构建更为贴近真实人类反应的智能行为模型，构建类似真人形象的数字人作为虚拟陪练员，在提升模拟训练沉浸感和对抗性训练体验方面发挥关键作用。相比传统单一行为训练，呈现更为智能化的行为模式，涌现更具启发性的组训模式，达到更为真实的对抗训练效果，为提升作训质量和训练收益发挥重要价值。

智能数字人行为建模技术可用真实操作员的过程数据对接各类仿真环境，实现智能行为模型的训练和对抗；引接不同来源的原始数据，利用知识工程手段重新组织，形成以训练任务为导向的虚拟专业形象。关键技术在于构建符合参训人员自主智能行为的模型，并提供行为模型的开发、训练、评估、测试、全生命周期管理的基础环境。

智能数字人行为建模技术主要由单体数字人智能行为模型开发训练与验证技术、智能行为建模知识与模型构建、深度学习强化行为建模算法组成。主要研究内容之间的关系如图8-2所示。

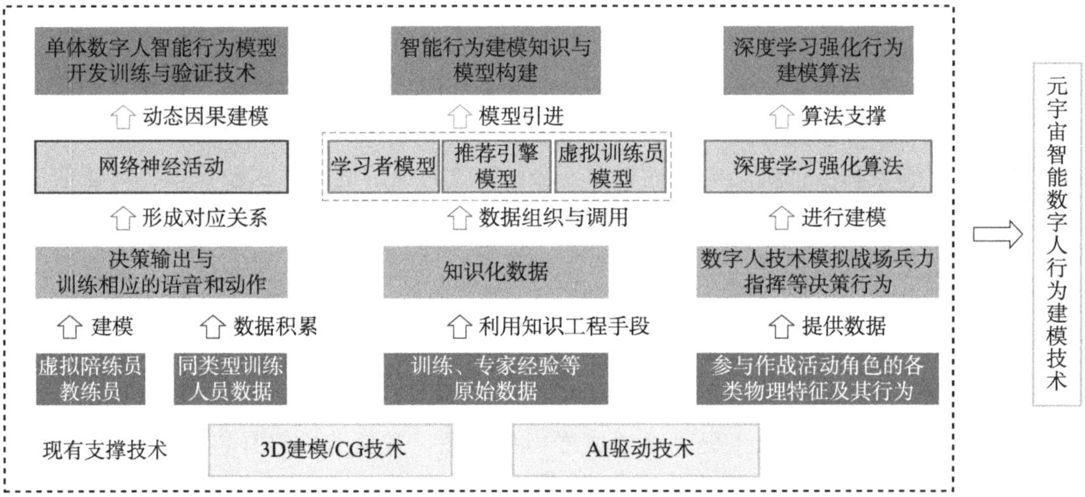

图8-2　智能数字人行为建模技术

智能数字人行为建模技术系统可以引接第三方战术想定或训练脚本接入用户自定义仿真环境，为单体及群体数字人行为模型的开发、训练和验证提供环境交互的反馈信号。各种模拟训练器材的平台资源中的原子任务、战法规则都可存储供训练利用的工具和方法，并能够接入跨域数据融合技术验证平台中的训练数据，对现有数字人模型进行更新。智能数字人算法和模型库为开发训练验证模型提供在通用环境中训练好的场景智能算法和决策模型，可以作为训练仿真智能行为模型的起点。

8.3.1　单体数字人智能行为模型开发训练与验证技术

单体数字人智能行为模型开发训练与验证技术针对作战中的虚拟陪练员教练员进行建模，并通过同类型参训人员的数据积累系统，提供参训人员的生理、心理状态指标，构建其与战场训练场的行为表现的对应关系，使这些虚拟数字人能不需要人的外部干预而自动地对作战仿真环境中的事件和状态作出反应，即通过自动读取、解析并决策后输出与训练任务相应的语音和动作来和参训人员产生互动。具体实现中，采用网络神经活动建模对训练过程进行动态因果建模，通过一组基础神经网络对训练活动的时间过程进行双线性状态变化方程建模，通过其估计网络内的方向效应能力进而在网络动力学建模和记录成像数据之间建立格兰杰因果关系，以便在未来的工作中可以适应不同的训练模态。

8.3.2　智能行为建模知识与模型构建

智能行为建模知识与模型构建主要用于对训练过程中所需的先验知识进行维护和应用。能够引接数据资源服务平台、资源开发工具等来源的原始数据（如训练数据、包含专家经验的原子任务插件、战法规则插件等），利用丰富的知识工程手段，将其处理为知识化数据，以知识模型的形态进行数据组织，便于模型开发和训练时调用。为参训人员在回路实体提供虚拟作战对手或友军支援，提高虚拟战场环境的复杂度和多变性，增强沉浸感和真实感。

8.3.3　深度学习强化行为建模算法

面向深度强化学习的智能化行为建模需要构建参与作战活动角色的各类物理特征以及他们的行为。人是作战活动的主体，在高对抗性活动下的决策等行为对作战结果有很大的影响，采用数字人技术模拟战场兵力指挥等复杂的决策行为进行建模，所采用的深度学习强化算法包括：网络化模型、度量化可变学习和任务无关学习，提供将训练学习的知识用于新的任务，并快速适应任务或变化环境的能力。

8.4　多模态大模型下具身智能协同

在军事训练的前沿领域训练元宇宙中，多模态大模型支撑的具身智能交互协同，成为连接虚拟与现实、提高训练效果的关键。训练元宇宙旨在打造一个高度真实、互动性极强的虚拟战场环境。而多模态大模型下的具身智能协同技术，正是实现这一目标的核心技术，它使得参训人员能在虚拟世界中体验到与真实战场相似的完全沉浸感和高效训练成果。

8.4.1　多模态融合感知技术

在训练元宇宙领域，多模态融合感知技术构成了具身智能协同的核心，它为参训人员和虚拟智能体提供了全面洞察虚拟战场的视角。单一模态感知方法在复杂的训练元宇宙场景中已无法满足对信息全面、精确获取的需求，而多模态融合感知技术通过整合视觉、听觉、触觉等多种传感器数据，突破了这一限制。

以视觉感知为例，高清摄像头捕捉到的视觉信息被转化为精细的虚拟场景元素。在模拟山地作战训练时，这些视觉数据能够精确地再现山地的复杂地形、隐蔽的山谷以及高耸的山峰，为参训人员提供清晰的地理态势认知，协助他们规划行进路线和战术布局。同时，利用先进的图像识别算法，系统能够识别出虚拟场景中的敌方军事设施、武器装备，为后续作战行动提供关键情报支持。

听觉感知同样不可或缺。在元宇宙模拟的战场环境中，高灵敏度麦克风采集的枪炮声、呼喊声等听觉信号，成为判断战场态势的关键依据。狙击步枪的清脆且带有回音的独特声响、机枪密集的射击声，都能帮助参训人员在虚拟环境中迅速定位敌方火力点，作出及时反应。

触觉反馈进一步提升了训练元宇宙的沉浸感。可穿戴设备上的压力传感器将参训人员的身体姿态和动作信息反馈到虚拟场景中，实现虚拟与现实动作的精确同步。在模拟近身格斗训练时，压力传感器能实时感知参训人员的发力情况，如拳击的力度、踢腿的角度，不仅帮助参训人员改进动作，还能使他们真实感受到虚拟对手的抵抗，增强训练的真实感。

这些不同模态的数据在训练元宇宙中并非简单叠加，而是通过深度神经网络进行复杂的融合分析。深度神经网络凭借强大的特征提取和模式识别能力，对多模态数据进行深度挖掘，提炼出更具代表性的特征。

在多模态融合过程中，注意力机制与特征对齐技术扮演着至关重要的角色。注意力机制赋予智能体在处理多模态数据时识别关键信息的能力。例如，在元宇宙夜间战斗训练场景中，当视觉信息因光线不足而变得模糊时，注意力机制会促使智能体更加关注听觉信息，通过分析敌方行动产生的声音来确定其位置和行动方向。而特征对齐技术则确保了不同模态数据在关键信息上的互补性。通过将视觉数据中的目标形状特征与听觉数据中的目标声音特征进行标准化和匹配，可以实现更精确的目标识别和定位。例如，在城市巷战场景中，这有助于参训人员判断建筑物内是否有敌方人员。

硬件技术的进步为多模态融合感知在训练元宇宙中的应用提供了坚实的基础。新一代微型摄像头拥有高分辨率、低光照条件下的拍摄能力以及防抖功能，能在复杂的虚拟场景中稳定地捕捉到高质量的视觉信息；传感器集成度的提升，使得多种传感器可以集成到小型设备中，便于参训人员在训练元宇宙中灵活运用。同时，研究人员持续研究新的多模态融合算法，如多模态卷积神经网络（MM－CNN）、多模态循环神经网络（MM－RNN）等，旨在提高融合的效率和精确度，进一步增强训练元宇宙的感知能力。

然而，多模态融合感知技术在训练元宇宙的应用中也面临挑战。不同模态数据之间的同步性问题，由于传感器采样频率和数据传输延迟的差异，可能导致时间偏差，影响虚拟场景的真实感和交互体验；多模态数据的存储和处理对训练元宇宙的计算资源提出了更高要求，随着场景复杂度和数据量的增加，如何高效存储和处理数据成为未来研究的重点。

8.4.2　具身智能决策与行动执行

在训练元宇宙领域，具身智能通过多模态融合感知技术获取的详尽信息，在决策和行动执行阶段表现出色，显著提升了军事训练的成效。具身智能的决策过程依托于大模型在语言理解和逻辑推理方面的卓越能力，使其能在错综复杂的虚拟战场环境中作出精确判断。

大模型通过深入学习大量军事训练数据和详尽的作战实例，习得了应对各种战场情况的策略。这些数据包括从历史著名战役到现代军事演习的广泛场景，涵盖了不同地形、气候条件下的战斗情况以及各种武器的使用和战术协作。智能体一旦接收到多模态融合感知的信息，大模型便能迅速解析虚拟战场的态势，整合视觉、听觉、触觉等多维度信息，构建出一个全面的战场环境，并利用所学知识和经验来预测敌方的行动意图。在模拟海上作战训练时，大模型通过分析敌方舰艇在训练元宇宙中的航迹、速度变化和通信信号，预测其接下来的行动方向，从而判断是进攻、防御还是撤退。

根据训练元宇宙预设的训练目标和规则，大模型生成最优行动决策。这些目标和规则依据军事训练需求和作战原则制定，旨在培养参训人员的作战技能和战术意识。在模拟城市反恐作战训练中，训练目标是解救人质并消灭恐怖分子，大模型会根据恐怖分子分布、人质安全状况以及己方参训人员位置和装备情况，制定详细作战计划，如建议部分人员正面吸引注意力，部分人员侧翼迂回包抄。

行动执行环节依赖智能体与训练元宇宙中的训练设备紧密协同。在模拟单兵作战训练时，智能体通过虚拟现实（VR）设备和动作捕捉系统，将大模型的决策转化为参训人员的具体身体动作。VR 设备营造沉浸式虚拟战场环境，动作捕捉系统实时捕捉参训人员动作并传输给智能体，智能体结合大模型决策对动作进行实时调整和指导。当大模型判断参训人员需快速躲避时，通过 VR 设备发出提示，动作捕捉系统监测动作是否标准，若不到位，智能体通过语音提示或震动反馈指导调整。力反馈设备模拟枪支后坐力、爆炸冲击力等物理作用力，震动传感器根据战场环境变化提供震动反馈，增强训练的真实感和沉浸感。

在团队协作的训练演习中，训练元宇宙环境促进了智能体间的高效沟通与合作。智能体通过构建的通信网络，实时分享战场的虚拟信息和战术方案，以达成协同作战的目标。在模拟的多军种联合演习中，陆军、海军、空军的智能体通过网络交换战场情报和战术计划，共同策划最佳方案。在模拟的登陆战中，海军舰艇在训练元宇宙中提供炮火支援，陆军部队执行登陆任务，空军飞机争夺制空权，智能体根据战场变化实时调整战术，确保任务的圆满成功。

智能决策与行动执行的实体化过程，也包括对参训人员的学习和评估。智能体通过收集和分析参训人员在训练元宇宙中的行为、决策和反应时间等数据，评估其战斗技能和能力水平，并提供定制化的训练建议和指导。如果发现某参训人员的射击准确率不高，智能体将分析其射击动作和心理状态，提供专门的训练方案，如加强射击技能训练、进行心理调整等。

随着人工智能技术的不断进步，训练元宇宙中的智能决策与行动执行能力也在不断增强。未来，研究者们将致力于提升大型模型的决策速度和精确度，改善智能体与训练设备的互动方式，增强智能体间的协同作战能力。同时，随着脑机接口等前沿技术的发展，预计将在训练元宇宙中的智能决策与行动执行方面带来新的突破，进一步提升军事训练的效率和真实体验。

第 9 章　新域新质训练运用

新域新质作战空间是指区别于传统陆、海、空作战领域，随着科技发展而涌现的全新作战空间，以及在这些空间中运用新质作战力量开展作战的方式。这些新域新质作战空间具有独特的物理特性、作战规则和战略价值，对未来战争形态和作战模式产生深远影响。

例如太空、深海、极地等新型作战领域，不仅环境极端复杂，而且蕴含着丰富的战略资源，是军事力量角逐的新战场。随着技术的进步，网络空间、电磁空间等无形空间也成为新域新质作战空间的重要组成部分。它们与传统作战领域相互交织，共同构成了未来战争的复杂作战环境，正是训练元宇宙得以施展能力的广阔舞台。

9.1　新型作战概念验证

军事技术的飞速进步导致战争形态正在经历根本性的变化。面对新兴的作战领域和作战方式，传统的作战理念开始显现出其局限性，无法满足未来战争日益复杂的需求。

以传统作战理念为例，它主要关注可见的常规战场环境，而对于太空、深海、极地等极端条件下的战斗则缺乏应对措施。此外，现代战争强调跨领域的融合和体系化的对抗，这使得传统作战理念中各作战力量相对独立的模式不再适应现代战争的协同作战需求。

分布式杀伤作战理念提倡将作战力量分散布局，并通过网络化的信息系统实现各作战单元之间的协同，从而提升作战的灵活性和生存能力；而全域作战理念则着重在陆地、海洋、空中、太空、电子、网络等多个领域内展开战斗，以实现作战力量的全面部署和作战效果的全面实现。

因此，为了在未来战争中占据优势，新型作战概念应运而生，旨在充分利用新域新质作战空间，发挥新质作战力量的优势，实现作战效能的最大化。

9.1.1　训练元宇宙适于验证的优势

经济性：相较于常规的实体军事演习和武器测试，采用训练元宇宙来检验新式作战理念的费用显著降低。在训练元宇宙里，无需大规模部署真实武器和人员，仅需借助计算机模拟和虚拟环境的构建，就能对新作战理念进行检验和评估。举例来说，开展一次实体对抗演习，需耗费大量武器、弹药及后勤人员，费用可达到数千万元甚至上亿元；而在训练元宇宙中进行相似的对抗演习，费用可缩减至数百万元、数十万元乃至更少。

效率高：训练元宇宙能够迅速搭建多种复杂的作战环境，对新作战理念进行反复模拟和检验。利用大数据分析和人工智能技术，能够迅速评估作战效果并进行分析，为作战理念的改进和优化提供支持。例如，在检验分布式杀伤作战理念时，训练元宇宙能快速模拟不同的作战环境，如不同的作战单位部署策略、不同的通信网络结构等，通过分析大量模拟数据，确定最佳作战方案，显著提升了检验的效率。

安全性高：在训练元宇宙中进行新作战理念的检验，避免了人员伤亡和武器装备损坏的风险。这使得检验过程更为安全可靠，能够对一些高风险的作战理念进行无顾虑的尝试和研究。例如，在检验某些新型武器装备的作战应用时，可能存在一定的安全风险，通过在训练元宇宙中进行模拟检验，可以预先发现并解决问题，降低实际应用中的风险。

9.1.2 新型作战概念验证流程

新型作战概念验证流程大致分为模型构建、场景搭建、模拟运行和效果评估四个阶段。

1）模型构建：依据新式战斗理念的核心意义与需求，打造相应的数学与仿真模型。例如，在检验分布式杀伤战斗理念时，需构建包含武器系统性能、战斗效能、通信能力等要素的战斗单元数学模型；同时，还需构建涵盖地形、气候、敌军兵力配置等要素的战斗环境仿真模型。

2）场景搭建：运用训练元宇宙的虚拟环境搭建技术，将理念模型具体化为战斗场景。搭建场景时，应尽可能地重现真实战场的各类要素，以确保验证结果的可信度。例如，在搭建分布式杀伤战斗场景时，需依据战斗单元的配置方式，恰当设定虚拟战场环境，涵盖陆地、海洋、太空等不同战斗领域。

3）模拟运行：在搭建完成的战斗场景内，执行新式战斗理念的仿真模型，模拟战斗流程。模拟运行过程中实时收集各类数据，如战斗单元状况、战斗行动成效、通信网络性能等。例如，在模拟分布式杀伤战斗过程中，实时记录各战斗单元的位置数据、武器运用情况、与其他战斗单元的通信状况等信息。

4）效果评估：对模拟运行过程中采集的效果数据进行分析评估，以判断新式战斗理念的实用性和有效性。根据评估结果，对战斗理念进行调整和优化，然后重新进行模拟运行验证，直至满足预期目标。例如，通过分析模拟数据，若发现某战斗单元在特定情境下的生存能力不足，需对其配置方式或战斗策略进行修改，之后再次进行模拟验证，直至该战斗单元的生存能力得到提升。

9.2 太空作战训练场景

太空是现代战争的战略制高点，太空作战对于国家安全和军事战略具有至关重要的意义。太空作战面临着高真空、微重力、强辐射以及复杂的轨道环境等挑战，需要全新的作战概念和技术手段。例如，太空分布式杀伤作战概念，通过在太空部署多个小型化、功能化的卫星集群，实现对敌方太空目标的分布式打击和防御，提高太空作战的灵活性和生存能力。

9.2.1　太空无人作战系统概念

（1）太空分布式杀伤作战

太空分布式杀伤作战概念强调将太空作战力量分散部署在多个小型化、功能化的卫星集群中。这些卫星如同一个个独立的作战节点，通过先进的通信网络实现信息共享与协同作战。与传统大型卫星相比，小型卫星成本更低、部署更灵活，且部分受损时不会导致整个作战体系瘫痪，大大提高了太空作战的生存能力和灵活性。例如，在对敌方太空目标进行打击时，多个卫星可从不同轨道、不同角度同时发动攻击，使敌方难以全面防御。

（2）太空轨道机动与快速响应作战

随着太空军事对抗的升级，实现快速轨道调整和即时反应能力已成为太空战斗的核心需求。这一作战理念要求航天器能在极短时间内转换轨道，迅速到达指定区域执行任务，例如快速支援盟友的航天器、对敌方突然出现的威胁作出迅速应对等。这种迅速的反应能力能够有效控制战场的主动权，突破传统太空作战的固定模式。

（3）太空信息战与网络对抗作战

在数字化时代，宇宙空间不仅是物质领域的竞技场，也是信息与网络的关键承载媒介。太空信息战与网络对抗作战的观念集中于对太空信息系统的掌握与破坏，涵盖了干扰对手卫星通信、盗取情报资料、攻击卫星操作系统等方面。掌握太空信息的主导权，能够降低敌方的战斗效能，同时确保己方太空系统的安全与稳定运作。

9.2.2　太空作战面临的挑战

（1）复杂的太空环境

太空中的高真空状态和微重力条件：在太空的高真空环境下，航天器的散热机制必须与地球上的大相径庭，这要求设计出特别的散热方案。同时，微重力环境对航天器的定位控制和轨道保持带来了严格挑战，任何细小的干扰都可能使航天器偏离其轨道。举个例子，在微重力条件下，航天器推进系统产生的微小误差可能会随时间累积，对其运行轨迹产生重大影响。

太空中的强烈辐射问题：宇宙中存在太阳电磁辐射、宇宙射线等多种强烈的辐射源。这些辐射源可能会损害航天器的电子设备，影响其功能和使用寿命。例如，辐射可能会导致卫星电子组件发生单粒子翻转，从而引发设备错误操作或故障。

（2）技术难题

动力与推进技术：目前航天器的动力推进系统存在能量效率低、推力有限等问题。传统化学推进剂的能量密度难以满足长距离太空航行和快速轨道机动的需求，而新型的电推进、核推进等技术仍处于发展阶段，面临着技术成熟度和安全性等挑战。

通信与导航技术：太空通信面临着信号衰减、延迟和干扰等问题。由于距离遥远，地球与航天器之间的通信信号强度会大幅减弱，通信延迟可达数秒甚至更长，这对实时控制和数据传输造成了极大困难。同时，太空中复杂的电磁环境也容易干扰通信信号。在导航方面，太空环境下无法使用传统的全球定位系统（GPS），需要依赖基于天体观测、惯性导航等技术的自主导航系统，但这些系统也存在精度不足、误差积累等问题。

（3）国际法规与合作困境

太空领域的国际法规尚不完善，对于太空武器的定义、使用范围以及太空作战的规则等方面存在诸多模糊之处。这使得各国在发展太空作战能力时缺乏明确的法律约束，容易引发太空军备竞赛。此外，太空作战往往涉及多个国家的利益，国际合作存在诸多困难。不同国家在太空政策、军事战略和技术水平等方面存在差异，难以达成统一的合作共识和行动方案。

9.2.3 训练元宇宙的太空作战概念验证

训练元宇宙为太空作战概念验证提供强大的技术支持。

（1）低成本验证

验证传统太空作战概念通常涉及昂贵的实飞试验和硬件开发。例如，为了测试一种新型作战概念，发射一颗卫星的整个过程，包括卫星的制造、发射以及后续的运行和维护，可能耗费高达数亿元费用。相比之下，通过训练元宇宙，仅需在虚拟空间中创建航天器模型和太空环境，利用计算机模拟来执行验证工作，显著减少了成本，从而使得更多创新的作战概念得以被探索和验证。

（2）高效性与灵活性

利用元宇宙进行训练，能够迅速搭建起多种繁复的太空战斗环境，对多样化的战斗理念与战术进行反复的模拟与检验。在模拟空间里，调整参数和变换场景变得异常容易，使得大量实验能在短时间内完成，从而迅速判断作战理念的实用性和成效。举个例子，在检验太空分布式杀伤作战理念时，能够迅速调整卫星群的布局、通信网络结构以及攻击方法，并通过模拟得出的结果迅速确定最佳方案。

（3）安全性与风险可控

在实际的太空实验中，一旦发生故障，不仅会带来巨大的经济成本，还可能引发人员伤亡和太空环境的破坏。然而，在训练元宇宙中进行测试，这些风险是不存在的。即便在模拟过程中遇到失败或错误，实际的太空资产和人员也不会受到损害，这使得在安全的条件下，可以对高风险的新型作战理念进行勇敢的尝试和研究。

9.2.4 训练元宇宙在太空场景的运用

本节通过模型构建、场景搭建、模拟运行和效果评估四个阶段，描述太空场景中训练元宇宙的运用。

（1）模型构建

构建航天器模型：详细创建航天器的数学模型，涵盖卫星、空间站、太空武器平台等。模型包括轨道参数、动力性能、通信能力、武器装备性能、自主控制能力等关键要素。以卫星轨道模型为例，详细描述其轨道高度、倾角、偏心率等；动力模型则考虑推进系统的推力、比冲、燃料消耗等；通信模型则设定通信频段、数据传输速率、信号覆盖范围等。

创建太空环境模型：构建精确的太空环境仿真模型，包含太空辐射、轨道碎片分布、太阳活动、地磁暴等。利用天文观测数据、卫星监测数据和科学研究成果，对这些环境因素进行精确建模。例如，基于轨道碎片的长期监测数据，构建轨道碎片的分布密度、运动轨迹等模型；依据太阳活动周期和历史数据，模拟不同强度的太阳辐射和地磁暴对航天器的影响。

（2）场景搭建

设定目标与任务：在训练元宇宙中构建真实的太空战斗环境，明确作战目标和任务。例如，设定任务包括摧毁敌方核心卫星、维护我方太空资源、干扰敌方太空通信等。针对各种任务，设定相应的敌方目标、防御体系和战场环境。例如，在维护我方太空资源任务中，设定敌方的攻击卫星、太空武器平台以及干扰源等，模拟敌方可能的攻击手段。

环境因素的融入：在场景内融入各种太空环境干扰因素，如太阳风暴、地磁暴、轨道碎片撞击风险等。这些因素会影响航天器的性能和作战行为，提升作战的难度和复杂度。例如，模拟太阳风暴期间，强烈的电磁辐射对卫星通信和电子设备的干扰，研究航天器在恶劣空间环境下的生存能力和应对措施；模拟轨道碎片与航天器的碰撞风险，评估航天器的防护措施效果。

（3）模拟运行

太空作战模拟过程：启动太空作战仿真系统模型，再现航天器在太空战斗环境下的行动。航天器遵循既定的战术和指令，在模拟空间中进行侦察、打击、防护等军事活动。例如，卫星通过光学镜头、雷达等探测设备搜寻敌方目标，一旦锁定目标，即改变轨道姿态，接近目标并启动武器发起攻击；空间站则部署防御措施，对敌方的攻势进行阻截和反击。

实时数据收集：在模拟执行期间，不断收集航天器的各项数据，涵盖位置数据、任务执行细节、与其他航天器的协作状况、通信状态等。这些数据将用于评估效果和优化作战理念。例如，通过传感器实时追踪卫星的位置、速度、加速度等数据，记录其在搜寻和攻击过程中的行动路径；同时收集通信数据，评估通信链路的稳定性及数据传输的效率。

（4）效果评估

构建作战效能评估指标：确立一套科学且合理的太空作战效能评估指标体系，以衡量太空作战系统在各种作战任务中的表现。这些评估指标涵盖目标摧毁率、生存概率、信息搜集能力、任务完成时效等方面。以摧毁敌方卫星任务为例，评估指标可能包括卫星摧毁的成功率、攻击耗时、资源消耗等；而在保护我方太空资产任务中，评估指标可能涉及资产受损程度、防御成功次数等。

数据的分析与评估：借助大数据分析和人工智能技术，对模拟运行中收集的数据进行深度分析和评估。通过与既定评估指标的比较，判断太空作战系统在不同任务中的效能表现。例如，通过分析侦察数据，评估卫星对敌目标的发现概率和定位准确性；通过分析攻击数据，评估武器的命中率和杀伤效果。依据评估结果，识别作战理念和策略中的缺陷和不足，为改进提供支持。

9.2.5 训练元宇宙在太空场景的案例想定

下面通过两个案例想定，来体现训练元宇宙在太空场景的运用。

（1）某国太空轨道战作战概念验证

某国通过训练元宇宙对太空轨道战的新作战理念进行了检验。在检验过程中，模拟了在错综复杂的太空环境中争夺轨道控制权的任务。训练元宇宙创建了真实的太空环境，涵盖了众多轨道碎片、复杂的电磁环境以及敌方的太空防御系统。

在模型构建阶段，打造了先进的轨道机动航天器模型和精确的太空环境模型。在场景搭建阶段，布置了敌方的轨道防御卫星、太空武器平台和干扰源，以模拟敌方的防御和反击策略。在模拟执行过程中，轨道机动航天器根据既定的作战策略执行轨道机动和攻击任务，使用高精度传感器搜寻敌方目标，并运用先进的武器系统发起攻击。

通过分析和评估模拟执行的数据，揭示了原作战理念中的一些缺陷，例如轨道机动时燃料消耗过多、在复杂电磁环境下航天器通信稳定性不足。根据评估结果，对作战理念和策略进行了改进，比如优化轨道机动算法以减少燃料消耗；采用抗干扰通信技术以提升通信稳定性。经过反复的优化和验证，最终确立了一套高效的太空轨道战作战方案。

（2）多国联合太空防御作战概念演练

多个国家共同使用训练元宇宙来执行太空防御作战概念的模拟演习。太空军事化趋势上升，太空防御问题引起了全球的关注。这次演习的目的是检验一种创新的多国合作太空防御作战理念，通过国际协作，共同解决太空中的威胁。

在训练元宇宙内，创建了一个仿真的太空战场环境，其中包含了各种太空威胁，例如敌对的攻击卫星、太空武器平台以及轨道碎片等。参与演习的国家各自派遣航天器，形成一个联合防御团队。在模型构建阶段，考虑了各国航天器的特性差异和协同作战的需求，制定了统一的作战模型和通信协议。在场景搭建阶段，模拟了不同国家的太空政策和利益需求，以及可能发生的外交和政治挑战。

在模拟执行过程中，联合防御团队根据既定的作战计划，对太空威胁目标执行侦察、追踪和拦截任务。通过实时的互动和通信技术，各国的参训人员能够在虚拟空间中进行协同作战，共同处理各种紧急情况。通过分析演习结果，识别了国际合作中存在的沟通和协调问题以及作战力量整合的问题。针对这些问题，提出了改进方案，比如建立更高效的国际通信系统、加强各国作战力量的联合训练等。这次演习为未来多国在太空防御领域的合作提供了宝贵的经验和参考。

通过训练元宇宙在太空作战场景中的新型作战概念验证，能够有效提升太空作战能力，推动太空作战理论和技术的发展。训练元宇宙技术的不断完善和应用的深入，将为应对未来复杂多变的太空安全挑战提供有力支持。

9.3 深海作战训练场景

随着海洋资源的利用和海洋战略地位的上升，深海逐渐成为关键的战斗领域。深海作战领域面临高压、低温、黑暗以及复杂的海洋环境等难题，这就要求新的作战理念和配备新的装备。例如，深海无人作战系统概念，它利用无人潜航器、水下机器人等设备，在深海执行侦察、反潜、破交等任务，以减少人员伤亡并提升作战效率。

深海拥有其独特的地理环境和物理特性，为军事力量提供了自然的隐蔽地点。潜艇作为深海作战的关键力量，能够在深海中潜伏，对敌方目标发起突然袭击，具有强大的战略威慑力。例如，战略核潜艇搭载的潜射洲际弹道导弹，能够在全球范围内对敌方战略目标进行打击，是国家核威慑力量的关键组成部分。

除此之外，深海也是获取情报的重要场所。通过在深海部署的水下传感器网络、无人潜航器等设备，可以搜集敌方舰艇的活动信息、水声信号等情报，为军事决策提供重要支持。深海的复杂环境使得情报搜集和反侦察工作更加艰难，同时也突显了深海作战在情报领域的重要性。

9.3.1 深海无人作战系统概念

(1) 无人潜航器的发展与应用

深海无人作战系统的关键组成部分——无人潜航器（UUV），近年来经历了迅猛的发展。最初，这些潜航器主要用于海洋学研究和水下探测，但随着技术的演进，它们的功能开始向军事应用扩展。现今的无人潜航器集成了多种功能，包括侦察监视、对抗潜艇、清除水雷以及监测海洋环境等。

在侦察监视领域，无人潜航器能够配备多种传感器，例如光学相机、声呐和磁力计，以长时间监控目标海域，搜集敌方舰船和潜艇的位置信息及活动模式。在对抗潜艇的任务中，无人潜航器凭借其出色的隐蔽性和机动性，在深海中独立搜寻并识别敌方潜艇，并协助己方力量发起攻击，为反潜作战提供关键支援。

(2) 水下机器人的功能与特点

水下机器人是深海无人作战系统的重要组成部分，包括有缆遥控水下机器人（ROV）和自主水下机器人（AUV）。有缆遥控水下机器人通过脐带缆与母船连接，由母船提供动力和控制信号，具有作业能力强、可靠性高的特点，主要用于水下复杂作业任务，如海底电缆铺设、水下设备维修等。自主水下机器人则无须脐带缆，能够自主完成预定任务，具有较高的自主性和灵活性，适用于大范围的海洋探测和侦察任务。

深海作战中，水下机器人凭借其特性展现出独特的优势。这些机器人能够在充满危险的深海执行任务，减少人员的伤亡风险；它们能够在水下长时间作业，对特定区域进行连续的监视；同时，通过装备不同的任务模块，它们能够迅速转换执行多种作战任务。举例来说，部分水下机器人配备了武器模块，能够对敌方目标发起攻击。

（3）深海无人作战系统的协同作战模式

通常，深海无人作战系统由多个无人潜航器与水下机器人构成，通过协作作战模式，达到作战效能的最大化。在协作作战过程中，各种无人装备根据任务需求分工合作。例如，部分无人潜航器专责侦察与目标搜寻，并将搜集到的情报信息实时传送给指挥中心；而其他无人潜航器则依据指挥中心的命令，执行对目标的攻击或干扰。水下机器人则能在目标区域执行近距离侦察与作业，为无人潜航器提供支援。

为了高效地协作作战，必须建立一个完善的通信与指挥控制系统。通过水下通信网络，实现无人装备之间、无人装备与指挥中心之间的信息共享与指令传递。同时，借助先进的人工智能技术，实现无人装备的自主决策与协同控制，从而提升作战系统的反应速度与灵活性。

9.3.2 深海作战训练面临的挑战

（1）极端环境带来的挑战

深海压力挑战：随着潜入海洋深处，压力迅速上升。在 1 000 米深的海域，压力可达到 1 000 个大气压，这对潜水装备的抗压设计提出了严峻挑战。若设计不当，装备在高压环境下易变形或破裂，从而导致损坏和任务失败。历史上，一些潜水器在深海作业时，由于耐压设计不足，曾发生过多次壳体破裂事件，造成了巨大损失。

深海寒冷考验：深海区域的水温通常很低，大约在 2 到 4 摄氏度。这样的低温环境会对装备的材料特性和电子设备的性能产生影响。例如，某些金属在低温条件下会变得脆弱，减弱装备的坚固性和可靠性；同时，电子设备中的电池在寒冷中容量显著降低，减少了设备的使用时间。

黑暗环境：在深海 200 米以下，阳光几乎无法穿透，处于完全黑暗的状态。这使得传统的光学侦察手段无法发挥作用，难以直接观察周围环境和目标。为了应对黑暗环境，需要研发专门的水下照明设备和声学、电磁学等非光学探测技术。

（2）复杂海洋环境干扰

潮汐与海流：海洋的潮汐和海流现象极为复杂且多变，海流的速度和方向会根据时间和所处的地理位置而改变。海流不仅会影响军事装备的航行路径和速度，还可能干扰水下通信和传感器的探测。例如，在海流强烈的区域执行任务时，无人潜水器需耗费更多能源以维持既定航线，同时海流产生的噪声亦会掩盖目标信号，降低声呐等传感器的探测准确性。

海洋生物与地质：海洋中众多的生物资源和错综复杂的地质结构，为深海作战带来了诸多挑战。一些海洋生物会附着在作战装备上，影响其性能和航行阻力；海底的火山活动、地震等自然灾害，可能破坏水下设施和通信线路，对深海作战产生重大影响。例如，在特定的海底热液区域，高温、高盐的环境以及独特的生物群落，对水下装备的抗腐蚀性能和生物兼容性提出了特别的要求。

（3）技术与装备难题

动力与续航：深海作战装备的动力系统主要依赖于电池、燃油发动机和核动力等。然而，电池的能量密度不高，导致续航能力受限，需频繁充电或更换；燃油发动机在水下运作时面临氧气供应不足和废气排放问题；尽管核动力能提供持久的续航，但其技术难度大、成本昂贵，并且核安全问题不容忽视。因此，开发高效、稳定、安全的动力系统成为深海作战装备发展的核心挑战之一。

通信与定位：在深海环境下，海水对电磁波的吸收和散射作用强烈，使得传统无线通信技术难以发挥作用。目前，水声通信技术是深海通信的主要手段，但其传输速度慢、信号易受干扰、通信距离短等缺陷明显。此外，深海定位技术也面临挑战，由于卫星信号无法到达，常规的卫星定位系统在深海中无法使用，因此需要开发基于声学和惯性导航技术的水下定位系统。

9.3.3　训练元宇宙的深海作战概念验证

训练元宇宙为深海作战概念验证提供强大的技术支持。

（1）虚拟环境构建技术

精确三维建模：利用尖端三维建模技术对深海环境进行精确建模，以支持在元宇宙中开展训练。收集海洋地理、水文和地质数据，创建逼真的海底地形、海洋流和水温分布模型。例如，多波束测深技术提供的海底地形数据，能精确构建海底山脉、海沟和海盆等，为深海作战场景的创建奠定基础。

环境因素模拟：在虚拟世界中，模拟深海环境的物理特性，包括高压、低温和黑暗等对作战装备和人员的影响。运用物理引擎精确模拟装备在高压下的受力、低温下的材料性能变化以及黑暗中的视觉效果。例如，模拟无人潜航器在高压下的耐压壳变形，为装备设计和改进提供数据支持。

（2）大数据与人工智能技术

数据搜集与分析：在训练元宇宙中，可以实时搜集深海作战模拟过程中的各类数据，涵盖无人潜航器的定位信息、运动状态、传感器数据以及作战任务的执行状况等。运用大数据分析技术，对这些数据进行深度挖掘与分析，从而提炼出有价值的信息，例如作战效能的评估指标、装备性能参数的变化趋势等。例如，通过分析无人潜航器在各种海况下的航行数据，可以评估其机动性与稳定性。

智能决策与优化：利用人工智能技术，实现深海作战概念的智能化决策与优化。通过构建作战模型和算法，对不同的作战方案进行模拟与评估，自动生成最佳的作战策略。例如，在反潜作战中，运用人工智能算法根据敌方潜艇的可能位置、运动轨迹以及海洋环境信息，优化无人潜航器的搜索路径和攻击策略，以提升反潜的成功率。

（3）实时交互与通信技术

实时多用户互动：训练元宇宙平台允许多用户在虚拟的深海战斗环境中进行实时互动。参训人员能够扮演多种角色，包括无人潜水器操控者、指挥员等，通过网络实时合作，共同达成战斗目标。例如，在模拟的深海联合反潜行动中，无人潜水器操控者能够实时向指挥员报告侦察结果，指挥员依据战况发布战斗命令，从而达成高效的协同作战。

水下通信仿真：为了复现深海环境下的通信状况，训练元宇宙平台运用了尖端的水下通信仿真技术。通过模拟水声通信的传播特性、信号衰减、干扰等要素，营造出虚拟环境中的水下通信体验。参训人员能够在虚拟世界中感受水下通信的难题与挑战，并探索解决通信问题的方案与策略。

9.3.4 训练元宇宙在深海场景的运用

本节通过模型构建、场景搭建、模拟运行和效果评估四个阶段，描述深海场景中训练元宇宙的运用。

（1）模型构建

无人作战系统模型建立：建立深海无人作战系统的数学模型，包括无人潜航器、水下机器人等装备的动力性能、续航能力、传感器探测范围、武器装备性能等参数。例如，对于无人潜航器的动力模型，考虑其推进器的类型、功率、效率等因素，建立其在不同海流条件下的航行速度和能耗模型；对于传感器模型，根据其类型（如声呐、光学相机等），建立其探测距离、精度、分辨率等参数模型。

深海环境模型构建：构建详细的深海环境仿真模型，包括海洋温度、盐度、海流、海底地形等因素。利用海洋科学研究成果和实际测量数据，对这些环境因素进行精确建模。例如，通过对海洋温度和盐度的测量数据进行分析，建立温度和盐度随深度变化的模型；利用海底地形测绘数据，构建高精度的海底地形模型，包括海底山脉、海沟、峡谷等复杂地形。

（2）场景搭建

设定目标与任务：在训练元宇宙环境中构建真实的深海战斗场景，并明确作战目标与任务。例如，设定任务为侦察敌方潜艇，规划敌方潜艇的活动范围、巡逻路径及隐藏位置；或者设定任务为摧毁敌方海底设施，明确相关设施目标和防御体系。

融入环境因素：在场景内融入多种海洋环境干扰因素，包括海底火山爆发、强海流和海洋生物干扰等。这些因素将对无人作战系统的行动造成影响，提升作战的难度与复杂度。例如，模拟海底火山爆发时产生的高温、高压和有毒气体等环境，检验无人作战系统在极端条件下的生存与战斗能力；模拟强海流对无人潜航器航行轨迹的影响，探索在复杂海流中完成任务的策略。

（3）模拟运行

模拟深海作战：启动深海无人作战系统的仿真模型，再现其在深海环境下的作战流程。无人潜水器与水下机器人遵循既定的战术和指令，在模拟环境中开展侦察、打击、防护等军事行动。例如，无人潜水器借助声呐设备搜寻敌方潜艇，一旦锁定目标，即改变航向，接近目标并启动武器发起攻击；水下机器人则在指定区域执行近距侦察和干扰敌方防御设施的任务。

实时数据收集：在仿真过程中，不断收集无人作战系统的实时数据，涵盖位置数据、任务执行细节、与指挥中心的通信状况等。这些数据将用于评估作战效果和优化作战理念。例如，通过传感器实时追踪无人潜水器的位置坐标、速度、航向等信息，记录其在搜寻和攻击过程中的行动路径；收集传感器数据，评估其对目标的侦测效果和精确度。

（4）效果评估

构建作战效能评估指标：制定一套科学且合理的作战效能评估指标体系，旨在衡量深海无人作战系统在多种作战任务中的表现。评估指标涵盖侦察准确性、反潜成功率、打击敌方目标效果、任务完成时效等方面。以侦察任务为例，评估指标可能包括目标发现概率和定位精度；而在反潜任务中，则可能涉及潜艇探测率和攻击命中率等。

数据处理与效能评估：借助大数据分析和人工智能技术，对模拟运行中收集的数据进行深度分析和评估。通过与既定评估指标的对比，判断深海无人作战系统在不同任务中的效能表现。例如，通过分析潜航器的侦察数据，评估其发现敌方潜艇的概率和定位精度；通过分析攻击数据，评估其打击敌方目标的效果和成功率。依据评估结果，识别作战概念和策略中的缺陷和不足，为改进提供支持。

9.3.5　训练元宇宙在深海场景的案例想定

下面通过两个案例想定，来体现训练元宇宙在深海场景的运用。

（1）某国海军深海反潜作战概念验证

该国海军借助训练元宇宙，对新开发的深海反潜战术进行了检验。在检验过程中，模拟了在错综复杂的深海条件下搜寻并摧毁敌方潜艇的任务。训练元宇宙被用来创建了一个逼真的深海战斗环境，其中包含了复杂的海底地貌、变化莫测的水流以及强烈的噪声干扰等众多环境要素。

在战术构建阶段，他们设计了尖端的无人潜水器和水下机器人模型，以及精确的深海环境模型。在环境搭建阶段，他们模拟了敌方潜艇的隐藏策略和反侦察技术，使得作战模拟更具挑战性。在模拟执行阶段，无人潜水器和水下机器人根据既定战术进行合作，利用声呐、磁力计等传感器来搜寻敌方潜艇。

通过分析和评估模拟执行中的数据，他们识别出原战术概念中的一些缺陷，例如无人潜水器在强海流中的搜索效率不高、水下机器人与无人潜水器之间的通信存在干扰等问题。根据这些评估结果，他们对战术概念和策略进行了调整，比如改进无人潜水器的导航系统，提升其在复杂海流中的机动性；优化水下通信协议，增强水下机器人与无人潜水器之间的通信稳定性。经过反复的调整和验证，最终确立了一套高效的深海反潜战术方案。

（2）多国联合深海资源保护作战概念演练

多个国家共同利用训练元宇宙进行深海资源保护作战概念的模拟演练。随着深海资源开发的持续发展，保护深海资源正面临越来越多的挑战，包括非法捕鱼和海底资源的偷盗等问题。本次演练的目的是检验一种创新的多国合作深海资源保护作战概念，通过国际协作，确保深海资源的持续开发。

在训练元宇宙内，构建了一个仿真的深海资源开发区环境，其中设置了非法捕鱼船只和海底资源盗窃设备等目标。参与演练的各国分别派遣了无人潜水器和水下机器人，形成了一支联合的作战队伍。在模型构建阶段，考虑了各国装备的不同和协同作战的需求，制定了统一的作战模型和通信协议。在场景搭建阶段，模拟了不同国家的法律和管辖范围，以及可能出现的外交和政治问题。

在模拟演练中，联合部队根据既定的作战计划，对非法目标进行了侦察和打击。通过实时的交互和通信技术，各国的参训人员能够在虚拟环境中进行协同作战，共同应对各种突发状况。演练结果的评估揭示了国际合作中存在的沟通协调问题和作战力量整合问题。针对这些问题，提出了改进方案，例如建立更高效的国际通信机制、加强各国作战力量的联合训练等。这次演练为未来多国在深海资源保护方面的实际合作提供了宝贵的经验和参考。

总结来看，训练元宇宙在深海作战场景的新型作战概念验证中扮演了关键角色。它通过提供逼真的虚拟环境、强大的技术支持和科学的验证流程，有效减少了新型作战概念验证的成本和风险，提升了验证的效率和精确度。随着技术的不断进步和应用的深入，训练元宇宙将对深海作战能力的提升和新型作战概念的创新发挥更大的促进作用。

第 10 章　训练元宇宙发展展望

近年来，元宇宙技术已成为世界主要军事强国重点建设的领域，研究如何运用元宇宙模拟仿真技术模拟未来战场环境已势在必行，将对作战行动、部队训练和装备试验等领域带来变革性影响，极大地改变原有的军事训练活动组织实施方式，为充分把握战争形态演变和制胜机理提供新的手段。

本章将从常态化运用场景、挑战与应对、未来发展蓝图等方面，对训练元宇宙的发展趋势进行分析预测，旨在抛砖引玉，供大家一起讨论。

10.1　常态化运用场景

随着元宇宙技术的日益成熟，可以预计到将会广泛地常态化运用于军事训练的各个方面，以下简要列举几例。

10.1.1　作战环境和作战行动模拟仿真

未来战场是“海、陆、空、天、电、网”等多位一体的数字化战场，元宇宙技术虚实融合、人机交互等特点，恰好在军事应用中具有显著优势。在训练中，参训人员戴上增强现实眼镜之后，所看到的视觉信息不仅包含真实作战场景信息，还包含了其他信息，比如战争空间增强现实信息，这些信息能够辅助参训人员随时判断敌方信息并高效作出战争策略调整，迅速对抗各种形式下的战争环境。指挥员能佩戴军用增强现实智能眼镜实时汇报作战地形、战争状况、最新命令等信息并迅速传达给参训队友，让所有队友们在第一时间高效接收到最新的战争情报，提高作战指挥效率。

充分应用数字媒体、仿真技术、随时追踪和智能沉浸式交互、体感、传感等多样化的高科技手段，将智能应用生成的虚拟信息汇总仿真模拟后，与现实世界相结合，多种元素相互融合，利用前沿技术手段实现对现实空间的“增强”。增强现实运用视觉可视化、计算机图形、数字媒体设计等技术研发了真实空间里不可能出现的虚拟场景和物品，然后将虚拟物品或场景准确“安放”在现实世界里，通过演示机器把虚拟物品和现实环境结合成统一的整体，然后展现给参训人员一个体感交互效果真实的全新场景，具有实时交互、虚实创新等优质特点。

利用元宇宙虚拟现实技术，构建逼真且实时变化的地、海、空、天、电、网、认知、情报等虚实一体战场环境，在此基础上构建联合作战指挥控制、陆上作战、海上作战、空中作战、太空作战、导弹作战、信息作战、特种作战、气象战、电子战、心理战、网络战、国防动员与后勤保障等多种作战应用，对指挥、机动、侦察、预警、攻击、防御、撤退、运输、通信和保障等主要作战行动进行高保真模拟仿真，并为各领域新型战法提供推演验证平台。未来运用大数据技术可以构建训练元宇宙智能实验室、构思训练场景、推演演习演练、验证决策谋略、创造战术战法、试用制胜机理、评估毁伤效果。

10.1.2 大规模实战化模拟训练

在军事训练领域，如何提供接近真实战争的参训体验是训练平台需要解决的关键问题。现有的虚拟战争游戏、合成虚拟战场等方法，能够提供一定的模拟仿真、人机交互和虚实互联能力，但是在高真实高沉浸感模拟、强人机交互、虚实一体实时仿真等方面仍然有很大的提升空间，难以满足面向未来战争的多空间、多装备和多人员的协同训练需求。

未来训练元宇宙能充分满足大规模作战背景下的实战化训练要求，各级参训人员可通过扮演现任岗位或拟任岗位的角色，在更大规模、更具对抗性、更长持续时间的环境中，反复接受训练与考核，在锤炼战斗技巧、磨合战术配合、锻造战斗意志的同时，将积累的模拟作战经验应用到实际作战行动中。训练效果的考评也将更加量化直观，更有利于选贤任能。虚拟现实与数字媒体技术相结合的元宇宙虚拟现实技术可运用在各类军事训练中，借助数字媒体三维建模成像技术，将坦克、战斗机等高成本作战武器进行虚拟呈现，搭建虚拟却还原真实的作战训练场景。还可将各个军、旅的训练情况实时反馈给各战区指挥员，打破地理位置和空间局限，实现随时汇报与检测。

利用数字媒体技术迅速构建训练元宇宙的跨地域作战系统。元宇宙技术能够完全满足大规模作战场景下的实战训练需求，所有参训人员能够通过扮演当前或未来职位的角色，在更广阔的、竞争更激烈的、持续时间更长的环境中，不断进行训练和评估。在提升战斗技能、加强战术协作、培养战斗精神的同时，将模拟作战中获得的经验转化为实际作战的行动，使得训练成效的评估也会变得更加具体和明显。

元宇宙技术可广泛运用在军事指挥、虚拟战场、航空探测、水下探测、部队演习演练等领域，促进各个领域进一步融入元宇宙的未来发展布局之中。在军事演习动作教学中，打破演习训练时空中的局限性，参训人员能够在不同的位置区域中执行各项高难度的集中训练预演。无论是否在同一地区，仅需运用专业虚拟现实操作就能够进入统一的虚拟预演场所，参与实时跟进的集中化训练预演场景。

在一些特殊的演习演练中，训练元宇宙发挥着不可替代的作用。参训人员在虚拟的环境场所里训练不仅比现实训练中更加安全，而且能更大幅度地节约场地器械的经济成本，在前期可将训练成本降到最低且不会造成军事设备损坏。参训人员能够在虚拟世界中选择尝试各种训练场景并高效地找到正确的学习方法，在保证人身安全得到充分保护的前提下，参训人员可以放心除去危险隐患的心理包袱，竭尽全力地参加演习训练。从而进一步地增强自己的技能水准，保证在所有实训作战时的人身与事故安全。

在虚拟战场中创建应用增强现实技术，并对现实战争里的环境进行增强模拟，可以提高模拟演练效率，在很大程度上提升军事演练效率、减少演练成本。在还原度高的模拟战争环境里进行演练，让参训人员在下达命令前就能对战争地形有所熟悉，相当于提前进行“不牺牲”的演习。

10.1.3　新型武器装备试验模拟仿真

在装备试验领域，装甲车、舰艇、战机、航天器等大型作战平台结构复杂、零部件繁多、试验鉴定过程较慢，导致研发周期较长。相较于传统作战平台先生产出物理原型再测试，直至产品满足需求的闭合循环研发过程，未来训练元宇宙实验平台在设计阶段就开始可以对装备进行各种测试验证。同时，通过传感器搜集初始原型数据，在数字化环境中模拟测试各种场景，从而实现全方位试验鉴定的目的。

在装备性能试验阶段，由于武器装备受到时间、空间、执行成本等多方面的约束，仅凭借物理手段实现装备的可视化监测、历史状态回溯、运行过程预演、未来结果预测和智能运维等功能难度较大。因此，需要通过未来训练元宇宙实验平台构建装备的数字孪生模型，在信息空间中赋予武器装备设计、制造及运维等过程看得见、运行机理看得清、行为能力看得全、运行规律看得透的新能力。

在装备作战试验阶段，以往的真实战场与数字化战场模型之间存在数据分离情况，很难实现信息的闭环流动。通过未来训练元宇宙实验平台在虚实融合空间创建作战平台、武器系统、战场环境等战争实体的副本，构建贴近实战的作战试验环境，并实现真实环境与数字孪生战场环境之间的实时双向互操作，实现高效实时数据共享。同时，武器装备数字孪生体还能够反映和预测其在真实空间中的行为，能够充分验证不同作战方案下被试装备在对抗威胁条件下的装备效能。

训练元宇宙能够为参战装备制造同比例的数字化形象，使装备的所有配件可以用三维方式呈现在电脑屏幕里，同时能放置在相对应的虚拟空间中。不管装备有多大的体量，维修工人都可以及时检修每一个零件，后台科研人员能够通过此项技术教会现场工作人员实施检修操作。

训练元宇宙能为新型武器装备设计论证、武器装备性能试验、武器装备兼容性试验、武器系统体系作战效能检验等，提供具备等效仿真能力的实战化背景和大规模试验场景，将虚实装备纳入一个对等的环境中共同运行，并全面掌握装备的各种状态和参数的变化情况，从而有效解决试验次数受限、试验环节简单、试验背景复杂度低、作战体系构建困难等现实问题。

10.1.4　未来战争推演和军事创新

在作战研究领域，训练元宇宙能为新型装备运用和战法创新提供远程推演验证的公共平台。在协调各地专家资源和集中调用仿真算力的基础上，利用虚拟 AI 扮演各方作战力量，进行不间断推演计算，得出海量数据样本，并从中挖掘分析出符合研究目标的知识和结论。

在研究过程中，研究人员还可与相关专家共同交流协作，实时干预和完善推演要素，以确保研究成果经得起实兵检验。充分调动和协调军地专家力量和资源，收集和拓展元宇宙战场模拟的海量数据，深度融合元宇宙虚拟现实、大数据分析和人工智能等新兴科技，构建元宇宙未来战争推演基础设施和军事创新平台，为相关领域中战略性、前瞻性、基础性、综合性理论创新活动提供支撑，进而在军事战略问题、作战概念问题、战术决策问题、战法评估问题等方面推进创新研究。

元宇宙虚拟战场作战环境使用数字媒体三维建模和渲染技术实现场景的视觉还原，并将人工智能应用到仿真中，通过深度和强化学习的智能模型，提高模型仿真度。仿真世界的装备模型除三维模型视觉逼真外，其运动特性、武器装备性能、作战指挥等内在规律同样有着严苛逼真度的要求，对数字媒体技术的要求更加严格。利用元宇宙技术生成三维立体的可视化空间，再现真实战场实况。而战术级训练平台以人工智能技术和高性能军事仿真云平台为基础，可以对智能体和人员进行双向训练，同步提升指挥员和智能体的能力。一方面提升作战策略的战术布局能力，另一方面仿真实际训练操作。

网络空间作战仿真平台在网络和电子空间仿真信息空间战的实景操作，复现元宇宙虚拟战场作战架构。元宇宙的兴起及牵引的相关技术发展，有可能通过多种手段以虚拟现实的方式，呈现多域战场、混合战争的场景。如此，参训人员对战争复杂性的认知将发生根本性变革，他们应对未来战争的思维方式也将发生决定性重塑。

运用各种手段，对作战环境、作战过程及作战结局等进行推演的战争预实践活动，自有人类战争以来，无不受到各国兵家重视。随着元宇宙及相关技术的发展升级，运用作战仿真技术必将能以更高的逼真度虚拟战场、对手及作战方式，从而在数字化、网络化、智能化的作战仿真环境中，直观展现全维战场与混合战争。

未来的智能化战争是聚焦复杂性的对决，更加需要借助元宇宙及相关技术的发展，在实验室中看到、看清、看透战争的内在机理。传统的人类军事实践活动，一般遵循时间顺序的线性思维，人才线、装备线、训练线、后勤线等，按既定轨道演进并不断迭代升级，发展到一定阶段后实现多条线的结网、集成及融合，从而生成战斗力。但应对元宇宙撬动的未来战争，却需要一种场景思维。这种思维内嵌着未来导向、设计先行、体系建设的战略思想。

伴随着元宇宙及相关技术的崛起，对未来战争的场景能够有清晰的、精准的、深刻的数理描述。进而立足于这种场景，倒逼当前的各项事务，即依据“未来所见”倒推“今日所为”，自然可以最大程度优化工作流程，避免工作失误，实现前瞻性布局、体系化设计、工程化推进皆在“元宇宙”模拟之中。

10.2 挑战与应对

本节主要从技术发展难题、信息安全问题、标准化与规范化、训练效果评估难题等方面，提出训练元宇宙的挑战与应对。

10.2.1 技术发展难题

在打造沉浸式体验和逼真的训练环境过程中，训练元宇宙遇到了众多技术挑战，这些挑战涉及网络通信、硬件设施以及人工智能等多个核心领域。深入研究这些问题并寻找有效的解决方案，对于促进训练元宇宙的广泛应用和军事训练的创新进步，具有极其重要的作用。

（1）网络通信：低延迟与高带宽的追求

训练元宇宙对网络通信的需求极为严格，确保低延迟和高带宽的网络传输是其顺畅运作的关键。在错综复杂的虚拟战场中，实时数据如洪水般涌来，包括参训人员的每个动作、精确位置、武器装备的微小运行状态，以及战场环境的快速变化，都依赖于网络的迅速而稳定的传输。

以士兵动作数据的传输为例，在模拟近战训练时，士兵的每一次攻击动作都必须迅速传送到系统，以确保虚拟场景中动作的同步和精确反馈。如果网络延迟过高，虚拟场景中的动作就会落后于实际动作，造成参训人员感到极度不协调，严重损害训练的沉浸感。同时，武器装备状态的数据传输也至关重要，在坦克模拟作战训练中，发动机转速、弹药存量、移动速度等信息的实时传送，使参训人员能够依据装备的实时状况作出恰当的决策。网络若出现问题，参训人员可能无法及时察觉装备故障，这可能导致训练中断或决策失误。

在大规模的多军兵种联合训练场景下，网络通信的压力呈指数级增长。涉及众多参训人员和复杂作战场景，数据传输量堪称巨大。例如，在一次模拟海陆空联合登陆作战训练中，陆军的登陆部队需要实时向海军舰艇传达滩头阵地的情况，请求火力支援；海军舰艇则要将自身位置、火力状态等信息反馈给陆军和空军；空军战机需要知晓地面部队的推进情况，以便精准实施空中打击。若网络无法满足如此庞大的数据传输需求，不同军兵种之间的协同必然出现偏差。曾经就有模拟训练因网络问题，导致陆军部队已经登陆滩头，而空军却因未及时收到行动信息，未能按时提供空中掩护，将导致整个登陆作战行动遭受重创后果，这充分凸显了网络通信在多军兵种联合训练中的重要性。

为解决网络通信的挑战，推动 5G、6G 等前沿通信技术的采纳与普及已成为必然趋势。5G 技术以其高速度、低延迟和大容量的特点，极大地提升了训练元宇宙网络通信的质量。在军事训练的实验项目中，5G 网络的使用显著减少了虚拟战场的图像停滞问题，提高了操作的反应速度。6G 技术作为通信技术的未来，预计将实现更卓越的性能，包括更快速的数据传输和更短的延迟时间，为训练元宇宙构建更为稳固的网络支撑。

同时，边缘计算技术的引入为解决网络通信问题提供了新思路。边缘计算将部分数据处理任务下沉到靠近终端设备的边缘节点，减少了数据传输量和延迟。在训练元宇宙中，参训人员佩戴的 VR 设备、战场上的传感器等终端设备产生的数据，先在边缘节点进行初步处理，只将关键数据传输到核心网络。这样不仅减轻了核心网络的负担，还能实现数据的快速处理和响应。例如，在模拟城市巷战训练中，分布在城市各个角落的传感器收集到的敌方目标信息，在边缘节点进行初步分析和筛选后，再将关键目标数据传输给指挥中心，大大提高了信息处理效率。

（2）硬件设备：性能提升的迫切需求

当前的硬件设备在性能上与训练元宇宙的高要求之间仍存在较大差距。VR/AR 设备作为训练元宇宙的重要交互终端，其显示分辨率、刷新率、视场角等参数直接影响着参训人员的视觉体验。目前市场上的主流 VR 设备虽然在显示技术上有了一定进步，但在面对训练元宇宙中复杂的虚拟场景时仍显力不从心。低分辨率会导致画面模糊，难以看清虚拟环境中的细节；低刷新率则会使画面在快速转动时出现拖影，影响行动判断；较窄的视场角限制了视野范围，无法提供沉浸式的全景体验。

长时间使用 VR 设备可能会导致一系列身体不适，尤其是头晕和疲劳感最为普遍。这主要是因为 VR 设备提供的视觉刺激与人体的前庭系统所感受到的运动信息不匹配，从而引起大脑的混淆。参训人员若长时间使用 VR 设备进行密集训练，这些不适感会显著影响训练的连续性和成效。研究指出，大约 30%的参训人员在连续使用 VR 设备超过 30 分钟后，会经历不同程度的头晕，这对训练元宇宙的实用化构成了挑战。

计算设备的算力不足也是制约训练元宇宙发展的一大瓶颈。在模拟大规模城市作战场景时，需要渲染大量的建筑、地形、人物等元素，对计算设备的图形处理能力提出了严峻挑战。以一款知名的军事模拟训练软件为例，在模拟中等规模城市作战时，开启高画质渲染后，普通消费级显卡的帧率会急剧下降，导致画面卡顿，无法满足流畅训练的需求。人工智能算法的运行同样依赖强大的算力支持，在训练元宇宙中，智能决策、虚拟对手的行为模拟等都需要大量的计算资源。

为了增强硬件设备的性能，增加对 VR/AR 设备和高性能计算芯片等硬件研发的投入是迫切需要的。研究人员持续探索新的显示技术，如 Micro LED 技术，它有望带来更高的分辨率和刷新率，同时减少能量消耗。在高性能计算芯片的领域，众多芯片制造商正在积极布局，开发专门针对人工智能和图形处理的芯片，以增强计算设备的处理能力。高端显卡芯片在深度学习和图形渲染方面能够表现出卓越的性能，为元宇宙的构建提供了强大的支持。

云计算技术的运用为解决硬件设备性能不足的问题提供了新的解决方案。通过将部分计算任务迁移到云端，利用云端的高性能计算能力来减轻本地设备的压力。在元宇宙的训练中，复杂的虚拟场景渲染和人工智能算法的执行可以在云端进行，本地设备仅需接收渲染完成的图像和计算结果，显著降低了对本地硬件设备的性能要求。一些军事训练云平台已经开始采用云计算技术，为军队提供高效的训练支持。

（3）人工智能技术：迈向智能化的征程

人工智能技术在训练元宇宙中扮演着关键角色，但其目前的发展水平仍存在诸多有待完善之处。虚拟对手作为训练元宇宙中的重要元素，其智能水平直接影响着训练的挑战性和真实性。然而，现阶段虚拟对手的行为模式往往较为单一，缺乏足够的灵活性和适应性。在模拟作战训练中，虚拟对手可能只会按照预设的简单策略行动，如固定的进攻路线、单一的防御方式等，难以模拟出真实战场上敌人的复杂战术和决策。这使得参训人员在面对虚拟对手时，无法获得充分的锻炼，难以应对真实战场的复杂情况。

尽管自然语言处理领域已取得进展，但在军事训练的特定环境下，现有的语音交互系统仍面临挑战。由于军事训练涉及众多专业术语和复杂指令，系统难以准确解析关键信息，如“三号区域”和“火力压制”的具体含义，这可能导致指令执行不准确，影响训练效率和交互性。

为了促进人工智能在军事训练中的应用，加强基础研究是当务之急。机器学习、深度学习和强化学习等研究领域是提高人工智能水平的关键。通过改进算法模型，可以增强人工智能对复杂环境和任务的理解与应对能力。例如，在智能虚拟对手训练中，应用强化学习算法，使虚拟对手在与参训人员的对抗中不断学习和进步，形成更加灵活和多样的行为策略。

构建丰富的军事训练数据集对于提升人工智能性能至关重要。通过搜集大量涵盖不同作战场景、武器使用和战术应用的数据，对人工智能进行专门训练，有助于其更好地理解军事场景中的元素和关系，从而提高决策的准确性和适应性。一些军事研究机构已经开始创建大规模的军事训练数据集，并通过数据共享和合作研究，推动人工智能技术在军事训练中的应用。

尽管训练元宇宙的发展面临挑战，但通过在网络通信、硬件设备和人工智能技术等方面的持续创新，其在军事训练领域的应用前景仍然充满希望。随着技术的持续发展，训练元宇宙将为提升军队的战斗力提供更加强大的支持，成为未来军事训练的关键发展方向。

10.2.2　信息安全问题

作为融合了大量军事相关信息的复杂系统，训练元宇宙涉及众多敏感数据和秘密数据，而网络环境的复杂性又使其面临着严峻的安全威胁。如何有效保障数据隐私和网络安全，是推动训练元宇宙持续发展、切实服务军事训练的重要议题。

（1）数据的重要性与潜在风险

训练元宇宙所涵盖的敏感数据种类繁多，其重要性不言而喻。参训人员的个人信息，包括姓名、身份证号、联系方式、家庭住址以及服役经历等，这些信息一旦泄露，不仅会对参训人员本人的生活和安全造成直接威胁，还可能被不法分子利用，对其家人进行骚扰甚至伤害。在信息时代，个人信息泄露引发的连锁反应难以估量，可能导致身份被盗用、电信诈骗等问题，严重影响参训人员及其家庭的正常生活。

训练数据同样至关重要，它详细记录了参训人员在训练过程中的各项表现，如射击精度、体能状况、战术运用能力、决策反应速度等。这些数据是评估参训人员训练成果、制定个性化训练计划以及选拔特殊任务人员的重要依据。如若训练数据被泄露，敌方可以通过分析这些数据，了解我方参训人员的优势和短板，从而在真实作战中采取针对性策略，使我方陷入被动局面。

军事行动的成败往往取决于作战计划这一核心机密，它涵盖了战略目标、兵力配置、进军路径、火力支援计划等关键要素。作战计划一旦泄露，敌人将有机会提前布防，甚至可能发动先发制人的打击，这将给军事行动带来严重阻碍，对国家安全利益造成巨大损害。历史上不乏因作战计划泄露而导致战役失利的例子，例如二战期间的中途岛海战，日本海军的计划被美军破解，美军得以预先布置，最终以较小的代价取得了胜利，改变了太平洋战区的战局。

(2) 数据泄露的途径与影响

数据泄露的途径众多，内部人员的不恰当行为是关键因素之一。参训人员或系统管理员可能由于疏忽，例如在不安全的网络环境下传输敏感信息、设置简单密码、无限制地共享账号等，为黑客提供了可利用的机会。同时，内部人员可能受到外部利益的诱惑，有意泄露信息以获取私利。在商业领域，员工为了高额回报将公司机密卖给竞争者的情况时有发生，这种风险在训练元宇宙中同样存在。

网络攻击同样是数据泄露的主要原因之一。黑客利用各种技术策略，如漏洞探测、社会工程学攻击、恶意软件植入等，试图攻破训练元宇宙的安全防护。他们可能利用系统软件的缺陷，侵入数据库，直接盗取敏感信息。通过社会工程学，例如发送钓鱼邮件、伪装成内部人员来骗取信息，诱使内部人员泄露账号密码等关键数据。恶意软件也可能潜伏在系统内，窃取数据并在适当的时机将其传送给黑客。

数据泄露对参训人员个人、军事行动以及国家的影响是全方位且深远的。对参训人员个人而言，可能导致个人隐私曝光、生活受到干扰，甚至面临人身安全威胁。对军事行动来说，数据泄露可能使作战计划提前暴露，导致军事行动失败，造成人员伤亡和装备损失。从国家层面看，数据泄露可能损害国家的战略安全，影响国家在国际上的地位和形象，引发国际的信任危机。

(3) 减少信息安全风险的策略

针对以上问题，可以采取如下三项策略以减少信息安全风险。

①方案一：深度应用数据加密技术

数据加密技术是维护数据隐私的关键手段，其工作原理是利用特定的加密算法，将未加密的数据转换为加密数据，只有持有正确密钥的授权用户才能将加密数据还原为未加密数据。在训练元宇宙中，应使用先进的加密算法，如 AES、RSA 等。AES 算法因其高效和安全特性，在数据加密领域得到广泛应用。对于存储数据，如参训人员的个人信息、训练数据和作战计划等敏感信息，应使用 AES 算法进行加密存储，确保数据库中数据的安全。即便数据库遭到非法访问，攻击者也只能获取到加密后的数据，无法直接获取数据内容。

在数据传输过程中，应利用 SSL（安全套接层）和 TLS（传输层安全）协议，建立安全的通信通道。这些协议通过加密数据传输，防止数据在传输过程中被窃取或篡改。在训练元宇宙中，当参训人员与服务器进行数据交互时，如上传训练数据或下载作战计划，通过 SSL/TLS 协议加密传输，确保数据的完整性和保密性。随着量子计算技术的发展，传统加密算法面临被破解的风险，因此量子加密技术成为未来数据加密的重要方向。量子加密利用量子力学原理，实现信息的绝对安全传输，为数据隐私保护提供更强大的保障。

②方案二：建立完善的访问控制机制

建立严格的访问控制机制是防止未授权访问和数据滥用的关键。基于角色的访问控制（RBAC）模型是一种常用的访问控制方式，它根据参训人员的职责和任务，为其分配相应的角色，并为每个角色赋予特定的数据访问权限。普通士兵可能只被授予访问自己的训练数据和基本作战资料的权限，而指挥员则可以访问更高级别的作战计划、部队整体训练数据等。通过 RBAC 模型，能够清晰地界定不同人员的权限范围，有效防止权限滥用。

多因素认证技术也是增强访问控制安全性的重要手段。除了传统的用户名和密码认证方式外，引入指纹识别、面部识别、动态口令等多种认证因素。在参训人员登录训练元宇宙系统时，不仅需要输入正确的用户名和密码，还需要通过指纹识别或面部识别等生物特征验证，或者输入手机获取的动态口令，才能成功登录。这样可以大大提高系统的安全性，防止因账号密码泄露而导致的非法访问。定期对用户权限进行审查和更新，根据参训人员的岗位变动、任务调整等情况，及时调整其数据访问权限。对于离职或退役的人员，及时注销其账号和相关权限，确保数据的安全性。

③方案三：强化网络安全防护体系

防火墙是网络安全防护的第一道防线，它可以根据预设的安全策略，对网络流量进行过滤，阻止未经授权的网络访问和恶意流量进入训练元宇宙系统。在训练元宇宙的网络架构中，部署防火墙，对内部网络和外部网络进行隔离，防止外部非法网络访问内部系统。防火墙可以设置访问规则，只允许特定的 IP 地址、端口和协议进行通信，有效抵御外部攻击。

入侵检测系统（IDS）和入侵防御系统（IPS）能够实时监测网络活动，及时发现并阻止入侵行为。IDS 通过分析网络流量、系统日志等信息，检测是否存在异常行为和攻击迹象。一旦发现入侵行为，IDS 会及时发出警报，通知系统管理员进行处理。IPS 则更加主动，它不仅能够检测入侵行为，还能够在检测到攻击时，自动采取措施进行防御，如阻断攻击流量、关闭相关端口等。在训练元宇宙系统中，同时部署 IDS 和 IPS，能够形成多层次的网络安全防护体系，有效防范网络攻击。

漏洞扫描工具可以定期对训练元宇宙系统进行全面的漏洞检测，包括操作系统漏洞、应用程序漏洞、网络设备漏洞等。通过漏洞扫描，及时发现系统中存在的安全隐患，并采取相应的措施进行修复。在漏洞修复过程中，需要遵循严格的安全流程，确保修复措施不会对系统的正常运行造成影响。对系统进行定期的安全评估和渗透测试，模拟黑客的攻击手段，对系统的安全性进行全面检验，及时发现并解决潜在的安全问题。

加强网络安全意识教育也是保障网络安全的重要环节。对参训人员和系统管理员进行定期的网络安全培训，提高他们的网络安全意识和防范能力。培训内容包括网络安全基础知识、常见的网络攻击手段及防范方法、数据保护意识等。通过实际案例分析、模拟演练等方式，让他们深刻认识到网络安全的重要性，掌握基本的网络安全技能。在日常工作中，引导他们养成良好的网络安全习惯，如不随意点击不明链接、不使用公共网络进行敏感数据传输、定期更新系统和软件等。

训练元宇宙的数据隐私与网络安全保障是一项复杂而系统的工程，需要综合运用多种技术手段和管理措施。面对日益严峻的数据隐私威胁和网络安全挑战，必须不断加强技术创新和安全管理，建立健全的数据隐私保护和网络安全防护体系，确保训练元宇宙能够安全、稳定地运行，为军事训练提供坚实的支撑。随着技术的不断进步和安全意识的不断提高，相信训练元宇宙在数据隐私和网络安全方面将得到更加有效的保障，为提升战斗力发挥更大的作用。

10.2.3 标准化与规范化

训练元宇宙在军事领域的应用日益广泛，但异构系统之间的对接和集成问题成为制约其发展的关键瓶颈。需要针对训练元宇宙在异构系统对接和集成中面临的技术挑战，努力建立起统一的技术标准、数据格式和接口规范，以实现各个不同系统之间的无缝集成和高效协同。

（1）异构系统对接的技术挑战

1）系统架构差异。不同训练元宇宙系统可能采用不同的架构设计，如集中式、分布式或混合式架构。这些架构差异导致系统之间的通信和数据交换困难。例如，集中式系统通常依赖于中心服务器进行数据管理，而分布式系统则采用去中心化的数据存储和处理方式。

2）数据格式不兼容。异构系统之间的数据格式差异显著，包括三维模型、传感器数据、行为数据等。例如，三维模型可能采用 OBJ、FBX、GLTF 等不同格式，传感器数据可能采用 JSON、XML、Protobuf 等不同编码方式。这种数据格式的不兼容性增加了数据交换和处理的复杂性。

3）通信协议不一致。不同系统可能采用不同的通信协议，如 TCP/IP、UDP、WebSocket 等。这些协议在数据传输效率、可靠性和实时性方面存在差异，导致系统之间的通信效率低下。

（2）统一技术标准的建立

制定统一的技术标准应遵循以下原则。

1）兼容性：确保新标准与现有系统的兼容性，减少迁移成本。

2）可扩展性：标准应具备良好的可扩展性，以适应未来技术的发展。

3）安全性：标准应充分考虑军事应用的安全性需求，确保数据的安全传输和存储。

需要建立的关键技术标准主要包括以下内容。

1）通信协议：制定统一的通信协议标准，如基于 WebRTC 的实时通信协议，确保不同系统之间的实时数据交换。

2）数据接口：定义统一的数据接口标准，如 RESTful API 或 gRPC，简化系统之间的数据交互。

3）渲染引擎：制定渲染引擎的统一标准，如基于 Vulkan 的图形渲染接口，确保不同系统的图形渲染效果一致。

（3）统一数据格式的实现

数据格式尽量采取标准化格式。比如三维模型采用 GLTF 作为统一的三维模型格式，因其轻量化和跨平台特性适合军事应用。传感器数据定义统一的格式，如基于 JSON 的标准化数据结构，确保数据的可读性和可交换性。行为数据制定统一的格式，如基于 Protobuf 的二进制编码，提高数据传输效率。

数据转换工具能够支持不同数据格式之间的自动转换，从而显著减少人工干预的需求。通过自动化处理，不仅提高数据转换的效率，还确保转换过程的准确性和一致性。

数据集成平台能够支持来自多个不同数据源的实时集成和处理，从而提高整个系统的整体效能。通过实时集成，确保数据的及时更新和同步，提供更加准确和可靠的数据基础。数据集成平台还具备强大的数据处理能力，能够处理大规模数据集，支持复杂的数据清洗、转换和整合任务，从而满足训练元宇宙对数据处理的多样化需求。

（4）异构系统对接

异构系统集成到训练元宇宙中，可以采取如下多种方式。

1）中间件技术。支持实时数据分发和订阅，实现不同系统之间的对象调用和数据交换，适用于高并发和低延迟的军事应用。

2）标准化接口。如定义基于 RESTful API 的标准化接口，支持 HTTP/HTTPS 协议，简化系统之间的数据交互。或者采用 gRPC 框架，基于 HTTP/2 协议，提供高效的双向通信和数据序列化支持。

3）云平台集成。如采取 Docker 和 Kubernetes 等容器化技术，实现系统的快速部署和弹性扩展。也可构建基于微服务架构的集成平台，支持模块化开发和部署，提高系统的灵活性和可维护性。

4）边缘计算方法。如部署边缘计算节点，支持本地数据处理和实时响应，减少对中心服务器的依赖。利用边缘智能技术，如 TensorFlow Lite 或 OpenVINO，实现本地化的数据分析和决策支持。

训练元宇宙的标准化与规范化使其兼容并包、海纳百川，是确保其在军事领域得以广泛应用的关键途径。通过建立统一的技术标准、数据格式和接口规范，可以有效促进不同系统之间的无缝集成和高效协同。未来，应持续推动技术标准的演进和数据格式的优化，加强国际合作，共同推动训练元宇宙的标准化与规范化发展。

10.2.4　训练效果评估难题

在训练元宇宙深度融入军事训练的大背景下，构建科学合理的效果评估体系成为提升训练质量、衡量训练成效的关键之举。传统军事训练效果评估体系已难以满足训练元宇宙的复杂需求，如何确定全面准确的评估指标、运用多元有效的评估方法、开发高效实用的评估工具，成为亟待解决的重要问题。

（1）确定全面准确的评估指标

军事训练效果的传统评估体系，主要关注参训人员的体能、技能及战术表现，包含以下指标。

1）体能评估着重于耐力、力量、速度和敏捷性等身体素质。通过长跑、负重行军、俯卧撑、仰卧起坐等测试，对体能进行量化分析。例如，设定时间限制内完成特定距离的长跑，以检验耐力；通过俯卧撑的数量和标准度，评估上肢力量。

2）技能评估涉及武器操作技能，包括枪械的组装与拆卸、射击精度，以及坦克、战机等装备的操控熟练度。枪械射击测试中，设置不同距离的靶标，根据命中环数来评定射击技能。

3）战术表现评估关注参训人员在模拟战斗中的战术运用，如进攻、防御、迂回、包抄等战术的执行效果。在模拟城市巷战中，观察是否能有效利用地形，采取恰当的战术行动，完成作战任务。

训练元宇宙中，军事训练效果评估指标可能新增但不限于如下指标。

1）数字化素养：在训练元宇宙中，数字化素养成为评估参训人员能力的关键指标。这包括对虚拟装备和信息系统的操作熟练度。虚拟装备与现实装备操作方式和功能不同，需迅速熟悉并熟练使用。对于虚拟战机驾驶，不仅要掌握飞行操作技巧，还要了解虚拟环境下的仪表显示、导航系统和武器发射流程。数据处理能力同样重要，需在大量训练数据中筛选、分析和利用关键信息。在虚拟战场中，可能接收来自各种传感器和信息源的数据，如敌方目标位置信息、友军支援请求等，能否快速准确处理这些数据，作出正确决策，是评估数字化素养的关键。

2）创新思维：在训练元宇宙中，创新思维具有重要价值。通过观察参训人员在虚拟战争场景中的决策过程，可以评估其创新思维能力。面对复杂多变的战场态势，能否打破传统思维，提出创新解决方案。在模拟海战中，当传统海战战术无法有效应对敌方新型防御体系时，能否提出创新作战思路，如使用无人舰艇进行突袭、运用电子战手段干扰敌方通信等。战术运用的创新性也是评估重点，是否能灵活运用各种战术，根据战场实际情况进行组合和调整。在山地作战中，除了常规的山地进攻战术，能否结合地形特点，创造独特战术，如利用绳索从悬崖峭壁进行突袭等。

3）团队协作能力：团队协作能力是训练元宇宙中不可或缺的评估指标。在团队任务中，沟通协作情况直接影响任务完成效果。观察团队中的沟通方式是否能清晰、准确地传达信息，及时反馈战场情况。在模拟多兵种联合作战中，陆军、海军、空军间的信息沟通至关重要，参训人员能否快速准确地与其他兵种进行信息交互，协调作战行动，是评估沟通协作能力的关键。角色分工合理性也是评估要点，参训人员是否能根据自身优势和团队需求，合理选择和承担角色，发挥最大效能。在特种作战小队中，有人擅长侦察，有人擅长突击，合理的角色分工能提高小队的作战效率。

（2）运用多元有效的评估方法

在训练元宇宙中，传统的考试和评估手段存在明显的不足。书面考试无法全面衡量参训人员在实际操作中的技能和应对复杂情况的能力。当评估虚拟装备操作时，书面形式的考试无法真实展现实际操作水平。考核通常在预设场景下进行，这限制了其模拟训练元宇宙中多变战场环境的能力。例如，在传统的射击考核中，靶标位置和射击条件相对固定，但在训练元宇宙的虚拟战场中，目标可能随时移动，射击环境也会不断变化，这使得传统考核方法难以准确评估参训人员在复杂环境下的射击技能。

大数据分析技术为训练元宇宙效果评估带来了新的视角和方法。通过分析训练过程中产生的大量数据，可以更客观和准确地评估训练效果。在虚拟战场中，参训人员的行动轨迹数据能够揭示其战场感知能力和战术运用能力。如果行动轨迹频繁处于敌方火力范围内，这表明其战场感知能力不足，战术运用不够恰当。射击命中率数据能够直观显示射击技能水平，通过分析不同场景下的射击命中率，可以发现参训人员在不同环境下的射击技能差异。与队友的协同配合次数和效果数据，可以评估参训人员的团队协作能力。如果协同配合次数少或配合中出现较多错误，这表明其团队协作能力需要提升。

人工智能技术在训练元宇宙效果评估中扮演着关键角色。通过人工智能算法，可以自动评估和分析参训人员的训练表现。利用机器学习算法，对大量训练数据进行学习，构建评估模型。该模型能够根据训练数据自动判断训练水平和存在的问题，并提供实时反馈和建议。在虚拟射击训练中，人工智能系统能够实时分析射击动作、时机等数据，及时指出问题所在，如射击姿势不当、时机把握不准确等，并给出相应的改进建议。人工智能还能评估参训人员在复杂场景下的决策能力，通过模拟各种复杂战场情况，观察决策过程，评估决策的合理性和准确性。

（3）开发高效实用的评估工具

评估工具应当包含数据搜集、分析和可视化展示等关键功能。数据搜集功能需全面且精确地捕捉训练过程中的各类数据，涵盖操作数据、行动数据、沟通数据等。对于虚拟装备的操作数据，需记录下参训人员的每个操作步骤及其耗时；对于行动数据，则需实时追踪参训人员在虚拟战场的位置和行动路径。分析功能应对搜集的数据进行深入的挖掘和分析，以提炼出有价值的信息。通过数据分析，评估各项能力指标，识别出优势和短板。可视化展示功能应以直观的方式展现评估结果，便于评估人员和参训人员掌握训练状况。可采用图表、图形等手段，将参训人员的训练成绩、能力指标等数据进行可视化展示，确保评估结果清晰可见。

以虚拟现实为基础的评估系统，是一种高效的评估工具。它允许参训人员在虚拟环境中执行特定任务，系统自动记录和分析行为数据，生成评估报告。例如，在模拟的城市反恐任务中，参训人员需在虚拟城市中解救人质、消灭恐怖分子。系统会记录行动路线、交火情况、与人质互动等数据。通过分析这些数据，评估参训人员在反恐行动中的作战能力、应变能力和团队协作能力。利用虚拟现实技术，亦可对训练成果进行可视化展示。通过三维模型和动画，展示参训人员在训练中的出色表现和存在的问题，使评估人员更直观地了解训练情况。例如，回放虚拟战场中的精彩作战片段，分析成功经验；对训练中的失误进行突出展示，帮助分析原因，优化训练方法。

构建训练元宇宙效果评估体系是一项复杂且系统的任务，需综合考虑评估指标的确定、评估方法的应用以及评估工具的开发等多个方面。通过建立科学合理的评估体系，能够显著提升训练元宇宙的训练效果，为军事训练提供坚实支持。随着技术的持续进步和应用，训练元宇宙效果评估体系也将持续完善和优化，为军事训练的创新和发展提供更强大的支持。

10.3 未来发展蓝图

随着元宇宙技术的日益成熟，其未来有望在军事训练领域实现更大突破，并得到和更为普及的应用。

10.3.1 技术突破与应用拓展

展望未来，脑机接口技术在训练元宇宙领域预计将实现重大进展并得到广泛运用。目前，该技术已能实现基础的意念操控，如辅助瘫痪患者操控轮椅、假肢等。在军事训练方面，脑机接口技术将提高参训人员与虚拟环境的互动效率。仅凭大脑发出的电信号，参训人员就能精确控制虚拟武器装备，无须手动操作，显著提升反应速度和操作精度。

以模拟空战训练为例，飞行员佩戴脑机接口设备后，能够直接用意念操控虚拟战机的飞行和导弹发射等，使训练更接近真实战斗。此外，脑机接口技术还能实时监测参训人员的脑部活动，评估其心理状态和疲劳程度，为训练强度和节奏的科学调整提供依据。

人工智能算法也将变得更加强大，为训练元宇宙带来更智能化的训练体验。深度学习算法将不断进步，使虚拟对手的行为更加真实和复杂。虚拟对手能够根据参训人员的训练表现和战术运用，实时调整自己的作战策略，不再局限于固定模式，从而提供更具挑战性的训练环境。

人工智能在训练数据分析和评估方面也将发挥更大作用。通过深入分析训练过程中的大量数据，人工智能能够发现潜在问题和改进方向，为参训人员制定个性化的训练计划，实现精准训练。

未来，训练元宇宙的应用范围将不断扩大。例如，在太空作战训练方面，元宇宙将构建逼真的太空环境，包括零重力、复杂的太空辐射环境、太空飞行器操作等。参训人员可以在虚拟的太空场景中进行太空站建设、太空飞行器对接、太空武器使用等训练，为未来的太空作战做好准备。

在另一个例子中，网络战训练将利用元宇宙模拟复杂的网络空间，包括各种网络攻击和防御场景。参训人员可以在这个虚拟网络空间中进行网络攻防演练，提高网络战能力。

元宇宙还将应用于军事外交和军事谈判训练，通过模拟国际军事外交场景，培养军事外交人才的谈判技巧和应变能力。

10.3.2 对未来战争形态的影响

训练元宇宙将引领一系列创新的军事理念。“虚实结合的作战”将成为未来冲突的关键指导原则。在这一理念指引下，实体战场与虚拟战场将紧密相连，军事行动不再仅限于物理空间。利用元宇宙技术，可以在虚拟领域对敌方的战斗体系进行侦察、干扰和破坏，同时在实体战场发动实际攻击，达成虚实结合的全面打击。

“分布式智能作战”理念亦将逐渐流行。元宇宙中的人工智能技术将赋予作战力量更强大的自主决策和协同作战能力。作战单位不再依赖于集中式指挥控制，而是通过人工智能算法实现分布式智能协同，根据战场情况自主作出最佳决策，提升作战效率和灵活性。

在作战模式方面，元宇宙将推动无人化作战成为未来战争的关键模式。在训练元宇宙中，无人作战系统的操作员能够在虚拟环境中进行大量训练，熟练掌握无人作战系统的操作和协同战术。在未来的战争中，无人机群、无人地面车辆、无人舰艇等无人作战系统将广泛使用，它们能在危险环境中执行任务，减少人员伤亡，并通过元宇宙技术实现高效的协同作战。

人机协同作战模式也将得到进一步发展。在训练元宇宙中，参训人员与人工智能辅助系统之间的协作将更加和谐。在未来战争中，参训人员可以利用人工智能系统的强大计算和分析能力，迅速获取战场信息、制定作战计划，同时人工智能系统也能根据参训人员的指令和战场变化，及时调整作战策略，实现人机优势互补，增强作战效能。

训练元宇宙将推动新型作战力量的发展。太空、深海等作战力量将随着元宇宙在新领域新质作战训练中的应用而不断壮大。通过训练元宇宙，参训人员能够更好地掌握太空、深海等武器装备的操作和作战技巧，提高作战能力。

网络战力量也将借助元宇宙的支持而得到增强。元宇宙中的网络战训练场景将更加真实和复杂，网络战人员能够在虚拟环境中进行高强度的网络攻防训练，提升网络战技能和应对网络威胁的能力。量子作战力量作为未来战争的新兴力量，也将受益于训练元宇宙。通过元宇宙模拟量子通信、量子计算等量子技术在战争中的应用场景，培养量子作战人才，推动量子作战力量的发展。

10.3.3 发展战略与建议

国家应提升政策扶持力度，将训练元宇宙纳入军事战略规划中。拟定政策法规，确立元宇宙在军事训练中的发展目标、核心任务及保障措施，确保其发展得到政策上的指导和制度上的保障。

设立专门基金，增加对训练元宇宙技术研发、平台构建及人才培养的财政支持。激励科研机构、高等院校与企业参与元宇宙技术在军事训练中的研发工作，构建多元化的资金投入体系。

强化与科技企业的合作，借助企业的技术实力和创新精神，共同推进训练元宇宙技术的进步与应用。建立产学研用的协同创新机制，加速技术成果的转化和应用。

增加对训练元宇宙相关技术研发的投入，集中力量攻克网络通信、硬件设施、人工智能等关键技术难题。强化基础研究，提升自主创新能力，掌握核心科技，减少对外部技术的依赖。

制定训练元宇宙的技术标准和规范，确保不同系统和平台间的兼容性与互操作性。建立技术评估和认证体系，对训练元宇宙的技术和产品进行严格评估和认证，确保其品质和安全性。

训练元宇宙的发展离不开既懂军事又懂技术的专业人才。应与地方高校、科研机构加强合作，开设相关专业课程，培养训练元宇宙领域的专业人才。

构建完善的人才培养体系，通过培训、深造、实践等多种途径，提升现有军事人员对元宇宙技术的应用能力和军事训练的水平。

吸引并留住杰出的元宇宙技术人才，为他们提供优越的发展环境和待遇保障。鼓励人才创新，对在军事训练领域取得显著成就的人才予以表彰和奖励。

10.4 结语

军事训练领域正经历一场由元宇宙技术引发的革命，这一技术的融入为军事训练带来了前所未有的变革和成长机遇。它突破了传统训练的诸多局限，通过提供高度沉浸式的虚拟环境、创新的训练内容与方法，以及对新型军事人才的有效培育，显著提高了军事训练的品质和成效。

世界各国在军事训练中应用元宇宙技术的实践探索，彰显了这项技术的巨大潜力和应用价值。尽管目前训练元宇宙还面临技术、伦理、安全以及训练效果评估等多方面的挑战，但随着科技的持续发展和各方的共同协作，预计这些问题将逐步得到解决。

展望未来，元宇宙技术在军事训练中的应用有望变得更加广泛和深入。随着脑机接口、人工智能等关键技术的突破，训练元宇宙将变得更加智能化和高效化，培养出更多适应复杂多变战场环境的杰出军事人才。因此，应积极接纳元宇宙技术，加强技术研发、人才培养和战略规划，充分利用元宇宙在军事训练中的优势，推动军事训练的创新和进步，为增强国家的军事竞争力和国防安全提供坚实支撑。

参考文献

[1] 邓劲生，尹晓晴，翟永平．无人装备智能视觉技术与发展［J］．国防科技，2019，40（6）：28-32.

[2] 邓三鹏，张香玲，王凯，等．具身智能机器人关键技术及发展趋势研究［J］．装备制造技术，2024（6）：2-10.

[3] 杜沁龙，霍鑫，郑凯，等．基于态势图序列的多智能群体意图识别［J］．控制与决策，2024，39（9）：2941-2949.

[4] 杜仕菊，石浩．元宇宙对意识形态安全的挑战：可能样态、运作机理及应对策略［J］．思想政治课研究，2022（6）：109-118.

[5] 冯钊，荣明，马悦，等．基于作战能力的模块化兵力抽组模型研究［J］．指挥控制与仿真，2024，46（4）：44-52.

[6] 高俊涛，程玉玉．元宇宙服务的人机交互综述［J］．郑州大学学报（理学版），2025，57（1）：8-14.

[7] 高子晗．面向虚拟现实保真度的人机交互技术研究［D］．哈尔滨：哈尔滨工程大学，2022.

[8] 龚建华，林珲，徐丙立，等．虚拟地理环境视角下地理元宇宙初探［J］．新华文摘，2024（18）：116-119.

[9] 古炬贤，黄嘉，田延泰．“米诺斯迷宫”的六根支柱：元宇宙的六大技术支撑及军事应用［J］．军事文摘，2023（1）：33-37.

[10] 郭亚楠，曹小群，何友，等．人工智能赋能军事领域的思考与展望［J］．计算机仿真，2024，41（5）：1-6.

[11] 何奇松．美国太空系统网络安全能力构建［J］．国际展望，2022，14（3）：134-155，161-162.

[12] 侯春牧，王勇．元宇宙赋能军事训练方兴未艾［N］．解放军报，2024-01-16.

[13] 胡志强．元宇宙：探索新的作战理论和作战方式的未来试验场［J］．军事文摘，2023（1）：24-27.

[14] 黄松平，唐姝，姜华，等．元宇宙视域下的指挥控制领域与态势认知模型分析［J］．指挥与控制学报，2022，8（3）：341-346.

[15] 靳庆文，刘慧，李胡蓉．元宇宙环境中虚实交互数据故事的生成路径［J］．图书馆论坛，2025，45（1）：96-107.

[16] 郎为民，陈哲，安海燕，等．元宇宙信息交互研究［J］．电信快报，2025（1）：1-6.

[17] 李宏海．元宇宙下水面舰艇作战训练研究［J］．指挥与控制学报，2022，8（3）：347-352.

[18] 李伟强，邓红艳，王修齐．军事元宇宙的应用与发展方向研究［J］．国防科技，2023，44（1）：25-33.

[19] 李伟强，邓红艳，张婷霆，等．军事元宇宙中空中作战杀伤云运用研究［J］．现代防御技术，2023，51（4）：36-45.

[20] 苗静思．基于数字孪生的无人机视觉导航系统［D］．广州：华南理工大学，2022.

[21] 庞雪凡，王振宇．数字孪生技术在智能化战争中的应用 [J]．军事文摘，2022 (8)：22 - 26.

[22] 荣明，冯钊，贺鹏，等．军事训练元宇宙的几点思考 [C]．第十届中国指挥控制大会，2022 - 08 - 17.

[23] 宋卫东，马宁，孟庆良，等．元宇宙军事仿真应用探索 [J]．制导与引信，2022，43 (4)：30 - 34，56.

[24] 唐勇，周典乐，王涛．内外源注意的无人系统智能感知应用研究 [J]．计算机测量与控制，2022，30 (8)：283 - 288.

[25] 陶飞，张辰源，张贺，等．未来装备探索：数字孪生装备 [J]．计算机集成制造系统，2022，28 (1)：1 - 16.

[26] 田晓航，霍鑫，周典乐，等．基于蚁群信息素辅助的 Q 学习路径规划算法 [J]．控制与决策，2023，38 (12)：3345 - 3353.

[27] 王佳宝，任林林．兵棋推演：模拟未来战争的“战场元宇宙” [J]．中国军转民，2022 (19)：68 - 70.

[28] 王文通，张智军，张铭洋．元宇宙关键技术、研究进展与应用综述 [J]．计算机科学，2024，51 (12)：2 - 11.

[29] 王义超．云端融合绘制引擎的网络架构设计与实现 [D]．杭州：浙江大学，2021.

[30] 熊思齐．基于云计算的复杂系统仿真模型服务化技术研究 [D]．长沙：国防科技大学，2019.

[31] 闫野，印二威，张皓洋，等．元宇宙军事运用潜力探索 [J]．指挥与控制学报，2022，8 (3)：235 - 238.

[32] 叶毓睿，李安民，李晖，等．元宇宙十大技术 [M]．北京：中译出版社，2022.

[33] 于佳慧，孙宇祥，项祺，等．元宇宙赋能指挥控制：未来虚实融生的作战推演 [J]．指挥与控制学报，2022，8 (3)：260 - 269.

[34] 袁博，冯顺平，蔡超，等. 美空天预警体系建设发展及启示 [J]. 科技与创新，2023 (1):149 - 151.

[35] 张恺悦，李杰春．军事训练与元宇宙：机遇和挑战并存 [J]．军事文摘，2023 (1)：28 - 32.

[36] 张昭，郭玉杰，赵晓宁，等．军事元宇宙刍议与展望 [J]．系统仿真学报，2023，35 (7)：1421 - 1437.

[37] 周瑞珏．元宇宙背景下数据互联互通的理论难题与解决路径 [J]．吉首大学学报（社会科学版），2025，46 (1)：37 - 48.

[38] 朱赫鹏，丁喆，张严，等．基于生成对抗网络的跨分辨率拓扑优化方法的比较研究 [J]．振动与冲击，2024，43 (6)：132 - 140.

[39] 赵坦，吴琳，陶九阳，等．元宇宙概念及其军事运用 [J]．系统仿真学报，2023，35 (7)：1405 - 1420.